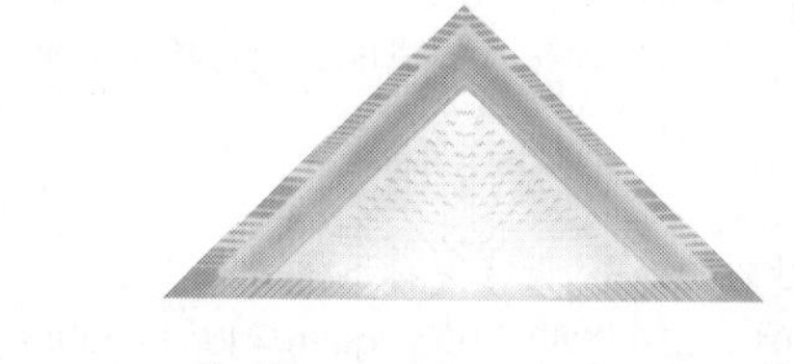

Verilog HDL
设计实用教程

黄海　于斌　主编

清華大學出版社
北　京

内容简介

Verilog HDL 是一种广泛应用的硬件描述语言，无论是专用集成电路设计，还是嵌入式 FPGA 开发，都会使用 Verilog HDL 语言进行编程。

本书力求让读者快速掌握关键语法，能够在短时间内结合核心语法完成设计，同时注意梯度设置，引导读者从简单模块到复杂设计，逐渐掌握 Verilog HDL。全书语法简洁，重点突出，语句凝练，具有工程设计的风格。

为了更好地配合学习，书中设有习题和相应解答，并配备了多个实验，所有代码均经过仿真，完整的实例均可供下载，方便读者调试和使用。对于重点和难点，辅以视频教学，能更好地帮助读者理解和掌握。

本书可作为电子、通信、计算机、自动化及集成电路设计相关专业的本科生教材，同时也适合对 Verilog HDL 感兴趣的爱好者或专业人士阅读。

图书在版编目(CIP)数据

Verilog HDL 设计实用教程/黄海，于斌主编. —北京：清华大学出版社，2021.4 (2021.12重印)
ISBN 978-7-302-57573-3

Ⅰ. ①V… Ⅱ. ①黄… ②于… Ⅲ. ①硬件描述语言－程序设计 Ⅳ. ①TP312

中国版本图书馆 CIP 数据核字(2021)第 028859 号

责任编辑：文 怡
封面设计：王昭红
责任校对：郝美丽
责任印制：宋 林

出版发行：清华大学出版社
网 址：http://www.tup.com.cn，http://www.wqbook.com
地 址：北京清华大学学研大厦 A 座 **邮 编**：100084
社 总 机：010-62770175 **邮 购**：010-83470235
投稿与读者服务：010-62776969，c-service@tup.tsinghua.edu.cn
质量反馈：010-62772015，zhiliang@tup.tsinghua.edu.cn
课件下载：http://www.tup.com.cn，010-83470236
印 装 者：三河市科茂嘉荣印务有限公司
经 销：全国新华书店
开 本：185mm×260mm **印 张**：16 **字 数**：390 千字
版 次：2021 年 4 月第 1 版 **印 次**：2021 年 12 月第 2 次印刷
印 数：1501～2500
定 价：59.00 元

产品编号：088539-01

前言 FOREWORD

近年来，集成电路产业蓬勃发展，越来越多的优秀人才投身于集成电路设计行业。在集成电路设计过程中，HDL语言有着重要的应用，无论是专用集成电路设计，还是嵌入式FPGA开发，都要使用HDL语言进行编程，进而通过EDA流程得到最终产品。Verilog HDL语言相较而言更容易上手，受到企业界的广泛推荐，也因此走进更多的高校。

作者常年从事Verilog HDL的课程教学，阅读并使用过国内外形形色色的各类教材，其中各有闪光之处；在教学和科研的过程中，也深感于教材与工程实践的脱节，教材不应是一本语法书，也不应是一本代码集，而应该是一个引导读者从简单代码到复杂设计的领路者。

众所周知，语法本就十分烦琐，所以很多读者本怀着热情投入到Verilog HDL的学习中，但陷入了语法的纠缠，慢慢打起了退堂鼓。Verilog HDL与其他语法略有不同，只需要简单的几个语法就可以完成大多数的电路设计，所以介绍这些语法后就应该及时地让读者亲自实践，在此基础上再逐渐增加验证类的语法，可以让读者在编写一个个程序后体会到HDL语言的乐趣。同时，语法的介绍并不需要事无巨细，就像一个单词一样，并不需要知道它的所有含义，只是知道最常用的几个词义就不会妨碍对它的使用——这样的思想其实也适用于Verilog HDL的学习。

本书结合作者的种种心得，对语法做了大幅精简，仅保留设计和验证中的关键语法，力求减少读者的负担，能够让读者全力掌握核心语法。本书的讲解思路和推荐使用方法如下：

第1～4章是第一部分，这一部分的用意在于快速让读者进入仿真环节，同时介绍Verilog HDL的语法框架，能够让读者动手在电脑上完成一个代码。本部分的图形相对较多，能够帮助读者更好地理解HDL语法的特性，与电路产生关联。

第5～10章是第二部分，本部分是语法核心，会给出语法结构和代码示例，配以大量注释来解释语法的使用方法，当然，是最常用的几种使用方法。读者能够读懂代码，清楚语法的使用格式，并完成简单设计即可，同时在上一部分的基础上，可以在工具软件上对自己的代码进行编译和仿真。

第11～14章是第三部分，是设计思想的一个提升，主要介绍综合、状态机和流水线等问题，这些都是在工程实践中会直接面对的问题，但需要一定的代码积累才能够更好地理解，所以这部分的学习可以等到读者已掌握前10章内容后再开始。

第15～17章是第四部分，这是一个灵活的部分，每个范例都配有代码说明，既可以供教师在授课的过程中选用部分代码配合语法讲解，也可以供读者自学时参考调试。为方便选取，对代码的难度做了简单分类。

练习会出现在大多数语法的章节后，并给出参考答案，在学习完语法后及时完成练习，会有效地加深理解和记忆。

对于部分重要的章节，练习所起到的作用也不足以支持对语法的掌握，所以额外配备了10个实验，可以供教师选取。若是自学，推荐在第4章后完成实验1，在第6章后完成实验2，在第7章后完成实验3，在第9章后完成实验4，在第10章后完成实验5，在第13章后完成实验6，在第14章后完成实验7，在第15章后完成实验8～10。

全书配有PPT，可供课堂授课时选用(扫描前言下方二维码下载)。在重点环节还录制了视频，做了精炼的讲解，可以作为辅助教学资源在课后学习(扫描书中二维码可以观看)。

为了更好地帮助读者掌握Verilog HDL，作者开设了交流互助群(QQ：684948434)，有时困扰初学者几天的疑惑，在精通者眼中只用几句话便可说破，希望读者能够借助群内的交流更好地使用本书，更快地掌握Verilog HDL设计。

本书第1～14章和习题部分由哈尔滨理工大学黄海编写，第15～17章和实验部分由哈尔滨理工大学于斌编写。书中的代码都经过了编译和仿真，力求准确，但错漏之处难以避免，敬请广大读者批评指正。读者可通过电子邮件 tupwenyi@163.com 与我们交流。

作　者

2021年4月

PPT课件＋实例代码

CONTENTS

原 理 篇

实 验 篇

原　理　篇

第1章

入门简介及环境准备

初学 Verilog，读者可能会一头雾水，有着各种问题。本书的第 1 章，就来介绍一些 Verilog 的预备知识。本章结束后，读者对于 Verilog 有了一个初步的了解，就可以开始后续章节的正式学习了。

1.1 Verilog 简介

首先要解决的第一个问题就是：什么是 Verilog? Verilog 的全称为 Verilog HDL，其中的 HDL 为 Hardware Discription Language(硬件描述语言)的缩写，顾名思义，是对硬件的一种描述方法。所以，Verilog 是一门编程语言，但面向的是硬件，与人们熟知的软件编程语言(C、Java、Python 等)有很大区别。

1.1.1 Verilog 的作用

谈到硬件电路，读者可能要么一脸茫然，要么头脑中会浮现出灯泡、电阻等电路器件，学过数字电路的读者理解可能会更好一些，知道数字电路中的各种器件就是硬件电路的基本组成，例如译码器、选择器、加法器以及各种功能电路模块。Verilog 的作用，就是对这些数字电路单元进行描述，说清它们的基本功能和整体结构。

其实在数字电路发展初期是用不到硬件描述语言的，因为数字电路器件的结构简单，所能实现的功能也非常有限，往往通过 PCB 板进行板级的设计就可以实现所需功能。设计者做的往往是画出设计好的电路图，然后热好电烙铁，把数字电路器件一个个按电路图焊到 PCB 板上，一个简单的设计就完成了，这种设计方法被称为板级设计。但随着集成电路技术的发展，数字电路经历了几代变革，从最初的简单逻辑电路发展到现在的超大规模集成电路，设计的规模以及设计中包含的电路数目都已经远非人力所能面对的，设计技术的发展带动了设计手段的更新。一方面，由于设计电路规模的不断扩大，设计人员的人力操作显得越来越单薄，急需计算机的大力辅助，于是促进了电子设计自动化(Electronic Design Automation, EDA)的出现和发展；另一方面，传统的数字电路的基本设计流程也无法应对急速增长的电路规模，面对着上万规模的门级电路，传统的在设计图纸上或计算机上手动完成最终电路图的方法变得越来越难以完成，同时带来的还有测试时的更大难题。于是，迫切需要某种方法，使设计者可以使用 EDA 工具完成这种大规模的集成电路设计。

Verilog 就是在这种情况下产生的，Verilog 可以采用编写代码的方式来设计数字电路，向下可以描述基本逻辑门的连接，向上可以描述电路的整体功能，使得原本需要大量数字逻辑的设计变为一段段 Verilog 代码，设计简单、管理方便、维护容易，配合同样日益发展的 EDA 技术，借助开发工具可以大大提升数字电路的设计速度，所以迅速成为数字电路设计的标准设计语言。

所以，Verilog 就是用来设计数字电路的，或者说成是数字系统，因为整个电路实现的功能越来越系统化，只是把传统设计的笔和纸，变成了现在的工具软件和硬件描述语言。要学好 Verilog，请一定要牢记这一点。

1.1.2 Verilog 的发展

Verilog 的发展史也是一个比较有趣的话题，作为知识体系结构的一个组成部分，这里列出一些关键的节点，让读者能够对 Verilog 的发展过程有一个快速的了解，而其中的一些细节可以由读者慢慢自行挖掘。

- 1983 年，Verilog 由 Gateway Design Automation 公司开发；
- 1985 年，Verilog 模拟器投入使用，名为 Verilog-XL；
- 1990 年，Cadence 公司收购了 Gateway Design Automation 公司，Verilog 易主；
- 1990 年，成立了 Open Verilog International (OVI)，全面开放 Verilog；
- 1995 年，纳入电气电子工程师学会标准 IEEE Standard 1364-1995，即 Verilog-95；
- 2001 年，版本扩展为 IEEE Standard 1364-2001，即 Verilog-2001，是现今主流版本；
- 2005 年，版本扩展为 IEEE Standard 1364-2005，仅做少量修改；
- 2005 年，IEEE Standard 1800-2005 出现，即 SystemVerilog；
- 2009 年，IEEE Standard 1364-2005 和 IEEE Standard 1800-2005 合并为 IEEE 1800-2009，二者正式统一。

1.1.3 Verilog 的使用

数字集成电路设计的过程并不是唯一的，这是因为多家公司都拥有自己完整的开发流程和 EDA 工具，每家公司的产品都有自己的独特之处，并且彼此之间完全看不到融合的迹象。虽然如此，数字集成电路设计的流程大体上还是相同的，其中数字集成电路前端设计的流程如图 1-1 所示，阴影部分的步骤就是 Verilog 主要使用的步骤，完成全部步骤后会进入数字集成电路的后端设计。

设计的最初是从设计说明文档开始的，这个文档中会包含对所需电路的所有描述，包括电路的具体功能和性能参数要求等，说明文档中可能还会包含一些基本算法的推荐实现方法，以及一些以往电路中经常使用的结构或推荐模型。设计说明文档是需求方与设计方沟通的最基本文件，所有的要求都必须写入，也方便后续各步骤的设计人员来查阅，也正是因为这个特性，所以设计说明文档不会太深入，无论是哪一步的设计师看起来都不会有障碍。

行为级描述和行为级验证紧跟在设计说明文档之后，由于数字集成电路设计的最终目标是电路实现,但是从设计需求直接投射到最终电路往往存在巨大的鸿沟,所以一般情况下都会使用高级语言对所需功能进行建模,编写想要在电路上实现的功能代码。可以使用 C、Java、Python 等各种已熟知的高级语言,这类语言的特点是抽象层次高、实现方便快捷,对数据流通路和控制通路的建模效果非常好。举例来说,一个 for 循环就可以完成固定次数的迭代,并在迭代中完成控制或计算,但是如果使用 HDL 来建模,则需要控制电路、计算电路、判断电路等部分才能实现,这是一个一分钟和数分钟的选择,更不要说后续还有大量的修改和维护。在行为级层面上,SystemVerilog 也是一个很好的选择,Verilog 虽然有时也能客串出现,但并不推荐。

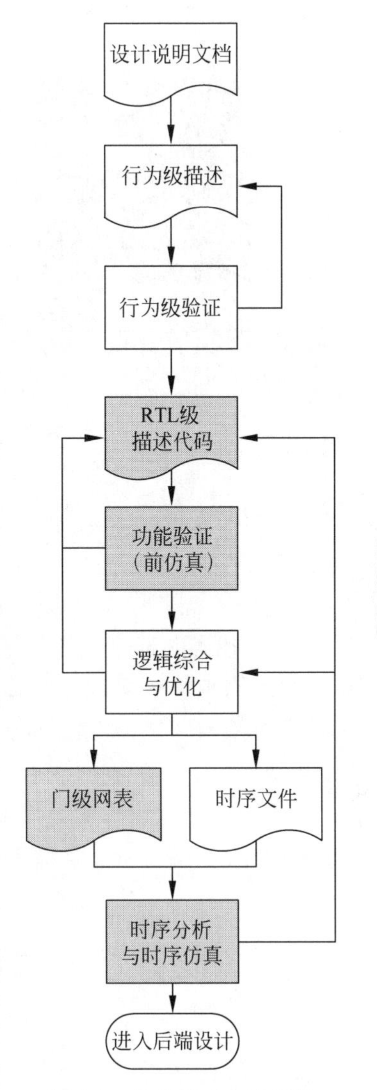

图 1-1 数字集成电路前端设计基本流程

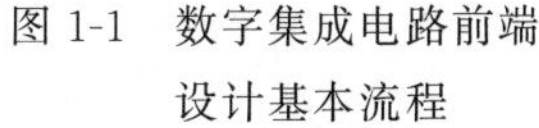

经过行为级的验证后,所需电路功能已经确认可以通过编码方式实现,同时用 HDL 编写的算法也通过了验证,接下来就要使用 HDL 来编码实现电路了,这里编写的代码必须能投射在电路上,也就是可以通过综合工具无障碍地转换为电路实现,在 Verilog 中并不是所有的语法都能够满足条件,所以需要注意语法的选择,而满足这个要求编写出来的代码,称为 RTL(Register Transfer Level)级代码。RTL 级代码描述的是寄存器传输及中间电路的代码,可以被后续步骤使用。

RTL 级代码要经过仿真验证,使用的是 1.2.1 节中介绍的各种工具,也是本书主要使用的工具。确认功能无误后送入逻辑综合工具并进行时序约束,如果成功,就会得到门级网表和时序文件信息。门级网表其实就是一个电路图的代码描述形式,如果手中有完整的器件库,那么可以按照门级网表来连接出所需的功能电路。利用时序文件结合门级网表可以分析最终电路的时序信息,得到各种延迟参数,进而得到电路的工作频率,例如电路工作的主频是 1GHz,那么就说明电路的延迟是 1ns。

数字集成电路的前端设计到此就告一段落了,后续步骤就是后端设计,会进行布局绕线等具体实现过程,直到生成版图文件并交付生产,经后期封装测试得到最终产品。在这些步骤中已经看不到 Verilog 的影子,所以有关这些步骤的内容也不再讨论。

1.1.4 Verilog 的结构

这里通过图 1-2 来说明 Verilog 的结构以及建模的过程,这也能解决许多初学者的疑问并让他们能够知道自己在做什么。在图 1-2 中,从最初始(1)的一个实际芯片中,可以提取出其全部的电路结构,这里的电路分布一般是比较凌乱的,整理成为(2)的样式,看起来整齐一些且具有一定的结构性,但由于规模较大,所以提取出其中的一个小方块,也就是一个模块,可以得到(3)的框图,从名称上看,可知是一个乘法器,实现乘法功能,这个乘法器所对应

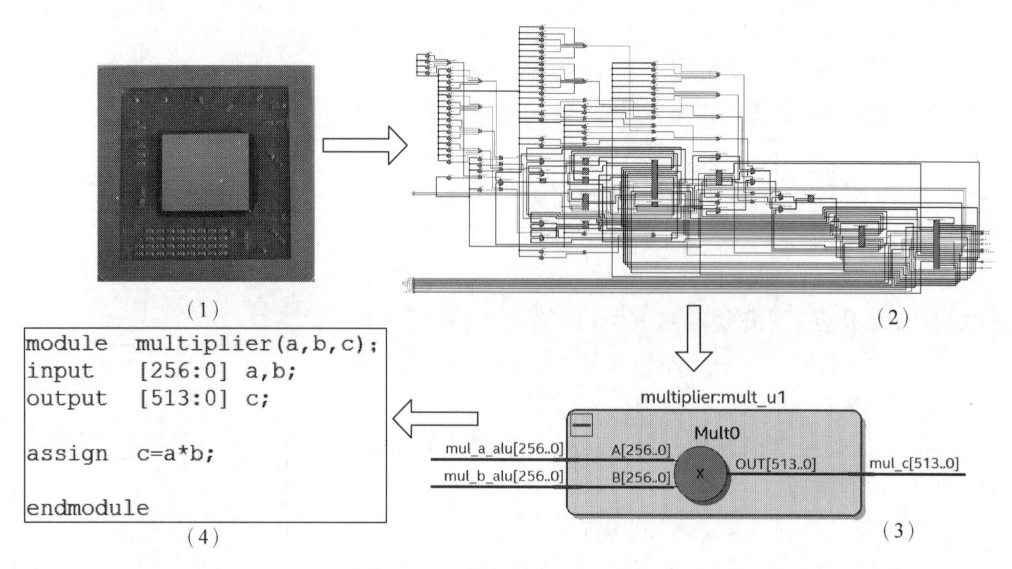

图 1-2 从芯片到 Verilog 结构

的 Verilog 代码就是(4)中给出的这段代码,可以观察一下这段代码的结构,虽然不知道具体语法要求,但应该还是能看懂大部分的。

在实际设计过程中是反向的,即先写出(4)中的代码,然后形成(3)的模块,再用许多个模块组成(2)的电路结构,然后交付下一阶段流程,经过若干复杂的步骤(这些步骤中每一步都足以支撑一门课程),就会得到(1)中的最终产品。所以本书要介绍的,就是如何参照(4)中的代码结构,编写出能够描述各种复杂功能的 Verilog 代码。

1.2 准备好工作环境

想必经过上一节内容,Verilog 的面纱已经不是那么神秘。在正式学习前,除了准备好书籍和头脑,还需要准备好软件环境,毕竟这是一门编程语言。常用的软件主要有仿真软件和代码编辑软件。

1.2.1 仿真软件的准备

Verilog 常用的仿真软件有 VCS、NC-Verilog 和 ModelSim,其中 VCS 是由 Synopsys 公司开发的软件,NC-Verilog 是由 Cadance 公司开发的软件,这两家公司的主要业务就是 EDA 工具的开发,所以这两款软件的市场占有率也很高。集成电路设计行业,无论是数字集成电路还是模拟集成电路,基本都在使用这两家公司的 EDA 软件,所以如果开始能从这些软件入手,无疑会省去一些不必要的麻烦。不过略显遗憾的是,这些设计软件都工作在 Linux 环境下,对于初学者来说是一个不小的麻烦,因为大多数读者还习惯在 Windows 环境下学习,所以本书暂不使用这两款软件来进行示范。

ModelSim 主要是针对 FPGA(Field Programmable Gate Array)开发的,其仿真器的工作原理与上两款软件不同,仿真速度可能会略显慢一些,但对于一般使用者来说已经足够了，而且该软件有 Windows 版本，并一直持续更新，在可见的未来一段时间都不会退出 Windows 系统，所以本书使用该软件作为示范软件。

ModelSim 是由 Mentor 公司开发的软件，读者可以去官方网站下载并安装，安装完毕后可以免费激活三十天的使用权限，如果稍微刻苦一些，足以学完本书的内容了。启动 ModelSim 后可看到图 1-3 所示的工作界面，本书会在第 4 章介绍如何使用该软件，并在随后章节中使用该软件对所给出的 Verilog 代码进行仿真。

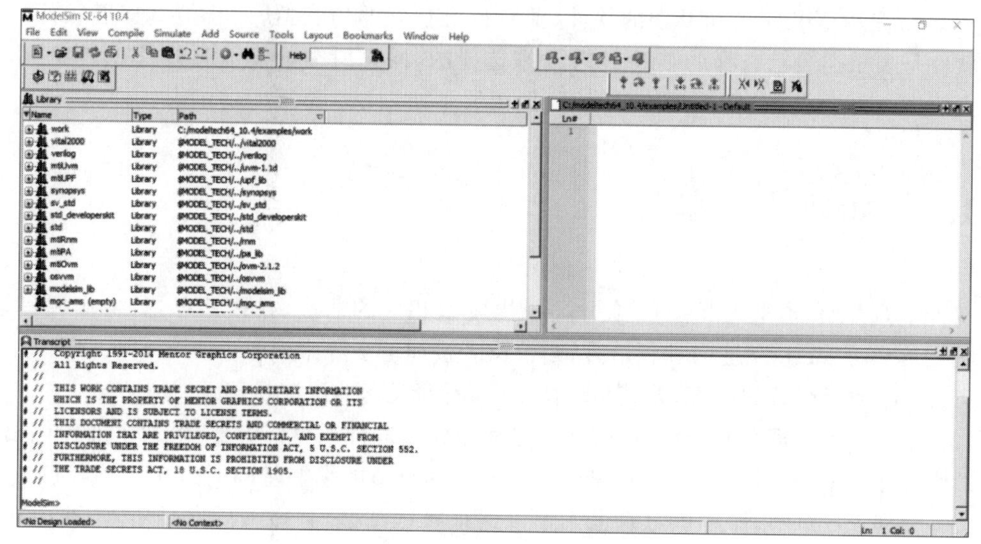

图 1-3 ModelSim 工作环境

1.2.2 代码编辑软件的准备

代码编辑软件也是必须要准备的。Verilog 的学习过程就是一个不停编码和仿真的过程，仿真使用仿真软件，但是这些仿真软件并不在意代码输入的体验，或其本身根本就没有考虑代码文件的编辑情况。例如本书使用的 ModelSim，读者可以自行体验软件内的代码编写效果。虽然可以使用下一节中的其他工具来代替代码编辑软件，但显得得不偿失，所以推荐读者使用代码编辑软件来书写代码。本书推荐的软件有两款：Vim 和 Notepad++。

Vim 编辑器是 Linux 系统中最受欢迎的编辑器之一，也是使用 VCS 或 NC-Verilog 时必备的编辑器。Vim 在代码编辑、补全、跳转、调试、修改等方面性能非常优异，而且并不止 Verilog，其他编程语言也一样可以使用。读者可以找到稍早版本的 Windows 版，除了有些热键冲突外，使用过程没有什么差异。Vim 编辑器中有大量的快捷键操作，可以说仅仅使用键盘就可以完成任何操作，而不需要鼠标的参与。

Notepad++是在 Windows 系统下使用的一款文本编辑软件，同样拥有多种快捷键，并且在代码补全和查看等方面体验优异，只是在多行操作时可能显得不太方便，但对于初学者的代码量来说，也足以应付了。

以上两款软件均是免费软件，强烈推荐读者选择安装。

1.2.3 其他工具介绍

与 Verilog 关系比较紧密的另两款 EDA 软件也需要简单介绍一下，就是 Quartus

Prime 和 Vivado，这两款软件都是面向 FPGA 开发的。Quartus Prime 是 Intel 公司开发的，其设计目标是在 FPGA 中实现 Verilog 代码描述的硬件电路。相比于 Cadence 公司和 Synopsys 公司的专用集成电路设计，FPGA 开发显得更加亲近一些，所以也有很多 Verilog 的初学者为了使用 FPGA 开发板而开始学习 Verilog。Quartus Prime 使用 ModelSim 的特制版来进行仿真，如果是早一些的版本，还会见到其内嵌的仿真器，但在新版本中都已经舍弃。

Vivado 是由 Xilinx 公司开发的软件，拥有自己独立的仿真器，而且仿真速度较好。这两款软件是要根据自己选择的 FPGA 芯片来选择的，而且所需的硬盘容量都比较庞大，虽然内嵌的 Verilog 编辑软件使用体验尚可，但依然不如 1.2.2 节推荐的编辑软件。

1.3 如何使用本书

从下一章开始，本书每章会介绍一个主题，配以相应的语法，或设计思想、操作流程等。为了更好地学习 Verilog 这门编程语言，建议读者按如下步骤来学习。

（1）仔细阅读每章的内容，尤其是语法部分，看懂配套的语法示例。

（2）语法章节大都有配套练习题，请务必使用软件进行编写和仿真，得到正确的代码后再继续学习下一章，后续章节的学习是建立在对之前章节的掌握基础上的。

（3）个别重点章节，课后练习题也不足以保证熟练掌握，会在最后安排实验，并会在实验目的中指明要练习的知识点，作为进一步加强编码能力的补充，可由教师统一安排选择，或由读者自行选取。

（4）欢迎加入读者交流群（QQ：684948434），一起学习和进步。

第2章

模块结构与门级建模

本章的主要目的是介绍 Verilog 的基本模块结构，并尝试使用逻辑门来完成简单电路的搭建，重点的内容为：

- 模块的声明；
- 端口声明；
- 常用逻辑门的使用；
- 门级建模的基本概念及应用。

2.1 Verilog 模块的基本结构

Verilog 的第一段代码，就从图 2-1 开始。在图 2-1(a)中给出了一个 2-4 译码器的框图，具有 A、B 和 Enable 三个端口，输出的是一个四位的 Z 值。由数字电路的知识，可以知道在 A、B 端口输入 00/01/10/11 时，Z0～Z3 依次输出译码信号。没有数字电路基础的读者也无须紧张，只需要知道这里要实现一个 2-4 译码器即可，就像设计说明书一样。

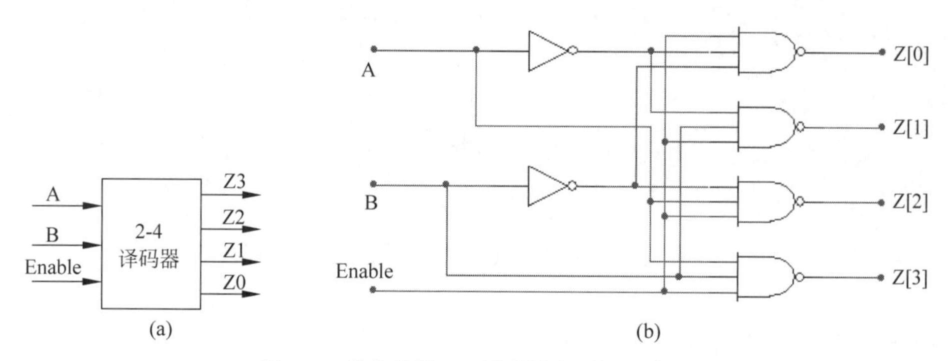

图 2-1 带使能端 2-4 译码器的逻辑电路图

这里对 2-4 译码器作内部电路的描述，首先要将图 2-1(a)的框图分解为图 2-1(b)的电路结构图，根据一般的工程习惯，输出使用了反码输出，该 2-4 译码器可以由两个非门和四个与非门构成，然后对该电路进行编码，可得到如下 Verilog 代码。

```
//例 2.1   2-4 译码器的 Verilog 代码
module decoder2x4 (Z, A , B , Enable);
output [3:0] Z ;
input A , B , Enable;
wire A_n, B_n;

not   V0 ( A_n, A );
not   V1 ( B_n, B );
nand  N0 ( Z[3], Enable, A,B);
nand  N1 ( Z[0], Enable, A_n,B_n);
nand  N2 ( Z[1], Enable, A_n,B);
nand  N3 ( Z[2], Enable, A,B_n);

endmodule
```

该代码虽然简单，却基本包含了所有 Verilog 代码的通用结构。代码由四个部分构成：模块定义、端口声明、内部资源声明和功能描述部分。模块定义部分代码如下：

```
module decoder2x4 (Z, A , B , Enable);
…
endmodule
```

端口声明部分代码如下，声明了输入和输出：

```
output  [3:0]  Z ;
input   A, B, Enable;
```

内部资源声明代码如下，声明了内部连线：

```
wire  A_n, B_n;
```

功能描述部分代码如下，调用了 6 个逻辑门：

```
not   V0 ( A_n, A );
not   V1 ( B_n, B );
nand  N0 ( Z[3], Enable, A,B);
nand  N1 ( Z[0], Enable, A_n,B_n);
nand  N2 ( Z[1], Enable, A_n,B);
nand  N3 ( Z[2], Enable, A,B_n);
```

弄懂如上四个部分，读者就可以编写自己的第一段 Verilog 代码了。

2.2 语法介绍及示例

本节对模块定义、端口声明、内部资源声明使用的语法做介绍，给出扩展及示例，并解释每一部分的作用。功能描述部分的语法是门级调用，这只是一种比较底层的方式，与实际电路关系紧密，但一般不会如此编码。

2.2.1 模块定义

模块定义以关键字 module 开始，以关键字 endmodule 结束，在这两个关键字之间的代码被识别为一个模块，即一个具有某种基本功能的电路模型，其基本语法结构如下：

```
module  模块名(端口名 1,端口名 2,端口名 3, …);
…
endmodule
```

使用 Verilog 编写的文件有固定后缀“.v”，就如文本文件后缀“.txt”一样，打开“.v”文件就能看到 Verilog 代码。按语法来说，在一个 Verilog 源文件中可以编写多个模块，即一个“.v”文件中可以包含多个 module，但是为了便于管理，一般在一个“.v”文件中仅编写一个 module。

除了关键字 module 和 endmodule 之外，在模块定义时还有两个部分，一个是模块名，一个是端口列表。在关键字 module 之后空格并出现的是模块名，像例 2.1 中的第一行，decoder2x4 就是该模块的名称。

```
module decoder2x4 (Z, A , B , Enable);
```

模块的名称是可以自己来定义的，这些在 Verilog 中可自己定义名称的被统称为标识符，类似其他编程语言中的自定义变量。在模块的名称之后还可以出现端口列表，比如 Z、A、B 和 Enable 都是这个 decoder2x4 模块具有的端口。端口的名称也属于标识符，由程序员自己定义。端口列表的排布方式一般有两种，第一种是按输入和输出分开列出，比如把输出端口 Z 和其他输入端口分别列出，适用于端口数目较少或者连接关系简单的模块；第二种是按逻辑关系划分，适用于模块的端口连接关系复杂时，因为有很多时候模块的端口要连接到不同位置，这时把关系相近的端口列在一起，比较方便管理。

程序员自己定义的标识符需要满足一定的语法规范，Verilog 中的标识符可以由字母、数字、下画线“_”和美元符“$”组成。标识符使用的规则：

- 标识符区分大小写，例如 Cnt 和 cnt 是不同的。
- 标识符的第一个字符必须是字母或下画线，不能以数字或美元符开始。
- Verilog 基本语法中使用到的关键字作为保留字，是不能用作标识符的，如下例：

```
module  input(a,b);      //非法,会报错,因为 input 是保留字
module  Input(a,b);      //合法,因为区分大小写
```

Verilog 的关键字有很多，随着学习过程会逐渐介绍，这里就不一一列举了。

掌握如上语法后，就可以写出自己的第一行代码了，例如以下模块定义，描述了什么？

```
module  multiplier(a,b,c);
module  counter(clk,rst,q);
module  test;
```

如果将这些代码输入仿真工具，就会被翻译成图 2-2 所示的框图。

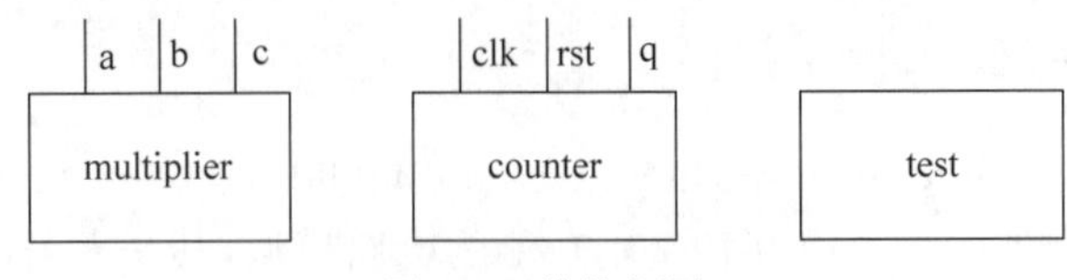

图 2-2　模块框图

图 2-2 中的 test 模块并没有端口，因为测试模块比较特殊，会在第 4 章出现并在第 10 章详细介绍。可以看到，定义好的模块已经有了雏形，但只有端口，并不知道输入和输出的具体情况，此时就需要端口声明的帮助了。

2.2.2　端口声明

模块定义中的端口列表仅仅列出了本模块具有哪些端口，而端口声明则给出了这些端口的具体信息，包括输入输出和位宽情况。比如例 2.1 中的如下代码：

```
output [3:0] Z ;
input A , B , Enable;
```

端口的类型有三种，分别是 input、output 和 inout，如表 2-1 所示，其中的双向端口极少使用，只在一些总线模型中出现，本书中仅使用前两种端口。

表 2-1　端口类型定义及关键字

端口类型	关键字	端口类型	关键字
输入端口	input	双向端口	inout
输出端口	output		

端口定义时默认一位宽度，即只能传播一位信号，就像定义了一根能够传输电信号的导线一样，如果定义的端口中包含多位信息，需按如下语法指定端口的宽度：

```
端口类型　[端口位宽左界:端口位宽右界]　端口名;
```

端口类型即上述的 input、output 和 inout。中间的“[ ]”区域就是端口宽度的定义，这里的左界和右界都表示数值，两个数值之间以冒号“:”隔开，后接端口名，代码行的末尾添加分号“;”表示结束。可以做如下声明：

```
input   [3:0]  acc;
output  [0:2]  x;
```

第一行代码声明了一个名为 acc 的输入端口，端口宽度为 4 位，按从左至右的顺序依次是 acc[3]、acc[2]、acc[1]和 acc[0]4 位，请注意多位宽时对每一个位的引用方式，是 acc[0]而不是 acc0 或其他形式。第二行声明了一个名为 x 的输出端口，端口宽度为 3 位，从左至右依次是 x[0]、x[1]和 x[2]。由于数字系统基于二进制，按照二进制的习惯，数值的左侧为高位，右侧为低位，且计数位从 $n-1$ 到 0。为了与这个习惯保持一致，在端口宽度定义时统一采用如下格式：

```
端口类型 [端口宽度 - 1 : 0] 端口名;
```

例如定义一个16位宽度的输入信号a，就定义为如下代码：

```
input [15:0] a;
```

如果有多个端口要定义，则需要按输入和输出分类，并按照宽度分类，不能在一行声明内出现多个宽度。

```
input   [3:0]  a,b,c;              //正确
input      m,n;                    //正确
input   m,n, [3:0] a,b,c;          //错误,不可混合不同宽度
```

可以参考例2.1的定义，或者这里对图2-2中的multiplier做进一步定义，就会得到图2-3所示的结构。

```
module  multiplier(a,b,c);
input   a,b;
output  c;

endmodule
```

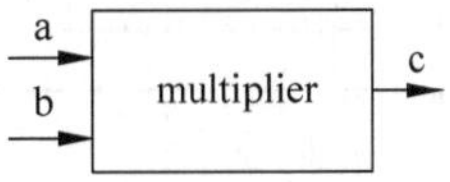

2.2.3　内部资源声明

图2-3　一位乘法器框图

在Verilog代码中有时需要在模块内定义一些内部资源，比较常见的是一些连线和寄存器，连线的定义如下：

```
wire  [连线宽度 - 1:0] 线名 1,线名 2;
```

例如下列连线的声明代码：

```
wire  x;
wire  [3:0] y;
```

寄存器的关键字为reg，定义与连线的语法相似，例如：

```
reg  x;
reg  [3:0] y;
```

连线和寄存器的最初目的是描述电路中的连接线（就是导线）和寄存器（数字电路基本时序器件），但是发展到现在，其实更多意义上变成了语法上的要求，wire最后一定会变成连线，但是reg则不一定真的会变成寄存器。

内部的连线和寄存器声明是可选的，只在需要时定义，不需要的情况下完全可以省略。

还有一种情况，如果未经定义直接出现标识符，会被直接视为 1 位连线，为了避免不必要的错误，一定要对模块中出现的所有连线和寄存器进行声明，并确定位宽。

2.2.4 功能描述

功能描述部分才是 Verilog 最主要的一个部分，在本章中以门级建模的方式进行解释。想要描述一个电路的方法有很多，抽象程度高一些的可以从功能的角度描述，这也是本书后面的主要方法，而抽象程度低一些的就用电路图来描述，就像图 2-1 一样，用基本逻辑门来给出电路的真实结构，也可以描述电路。一般来说，抽象程度高的代码，会比较容易看出电路的实际功能，但不容易得知真实的电路结构，抽象程度低的代码，会比较容易看到电路的真实结构，但不容易看出电路的实际功能。

Verilog 的逻辑门就是对应的实际逻辑电路，而且门的种类众多，为了不给初学者造成太多迷惑，这里仅介绍最常使用到的 7 种逻辑门：单输入逻辑门非门(not)和多输入逻辑门与门(and)、或门(or)、与非门(nand)、或非门(nor)、异或门(xor)和同或门(xnor)。非门的功能就是把输入值取反输出，其余逻辑门的功能如表 2-2 所示，逻辑图如图 2-4 所示。

表 2-2 多输入逻辑门功能表

与门 and		B	
		0	1
A	0	0	0
	1	0	1

或门 or		B	
		0	1
A	0	0	1
	1	1	1

异或门 xor		B	
		0	1
A	0	0	1
	1	1	0

与非门 nand		B	
		0	1
A	0	1	1
	1	1	0

或非门 nor		B	
		0	1
A	0	1	0
	1	0	0

同或门 xnor		B	
		0	1
A	0	1	0
	1	0	1

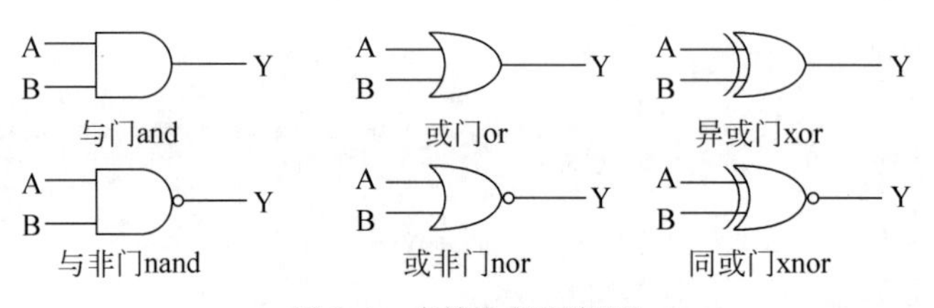

图 2-4 多输入门逻辑图

如果想要在 Verilog 代码中使用这些门，则需要按语法进行调用，语法为：

```
not  名称(可选)  (out1,out2,...,outn,in);        //一个输入,多个输出,单输入门
and  名称(可选)  (out,in1,in2,...,inn);          //多个输入,一个输出,多输入门,其余类似
```

调用逻辑门之后只需要把输入输出按电路图连接在一起，并变成对应的连线名称即可，例如例 2.1 中的代码：

```
not   V0 ( A_n, A );
not   V1 ( B_n, B );
nand  N0 ( Z[3], Enable, A,B);
nand  N1 ( Z[0], Enable, A_n,B_n);
nand  N2 ( Z[1], Enable, A_n,B);
nand  N3 ( Z[2], Enable, A,B_n);
```

还可以对图 2-3 中的乘法器做进一步描述，由于一位的乘法仅在 1 乘 1 时输出 1，其余情况都输出 0，所以可以通过一个与门来实现，图 2-5 与下列代码是等价的。

```
module  multiplier(a,b,c);
input     a,b;
output    c;
and   a1(c,a,b);
endmodule
```

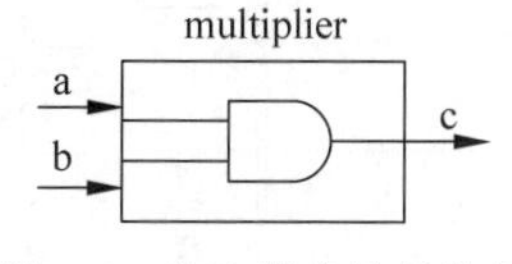

图 2-5 乘法器完整结构图

2.3 门级补充说明

功能描述部分采用调用逻辑门的方式来完成，习惯上称为门级建模。门级建模其实有很多语法，可以有很大篇幅的讨论，但初学者不宜陷入其中，所以本章只是精简介绍了使用频率较高的部分。对于门级建模，有如下几点补充说明：

第一，门级建模所得到的代码，比如例 2.1 中的代码，本质上就是第 1 章流程图中的门级网表，二者是一样的，只是名称不同而已。

第二，拿到门级网表，就能得到实际电路图，这点想必现在已经很清晰了。

第三，由于门级建模中逻辑门使用数目过大，正常设计的代码最后转为门级网表后，都会有成千上万的逻辑门，所以逻辑门的调用可以有很多简化的方式，但本书不再讨论。

第四，门级在 Verilog 建模中已经算是很底层了，但还有用户自定义原语 UDP 和晶体管描述等方式，感兴趣的读者可以自行研究。不过依据教学经验，在初学时陷入这些抽象层次过低的描述方式并没有任何好处，即使想要学习，建议在学完本书前 11 章后再进行。

练习题

1. 请尝试写出图 2-6 所示电路的 Verilog 代码。
2. 请尝试写出图 2-7 所示电路的 Verilog 代码。
3. 请尝试写出图 2-8 所示电路的 Verilog 代码。

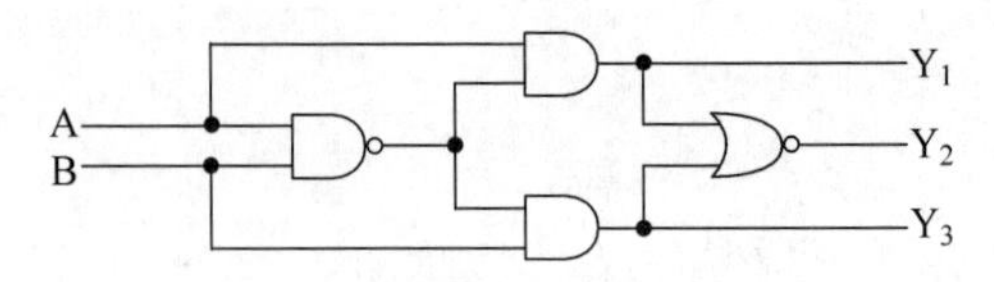

图 2-6　练习题 1 对应电路

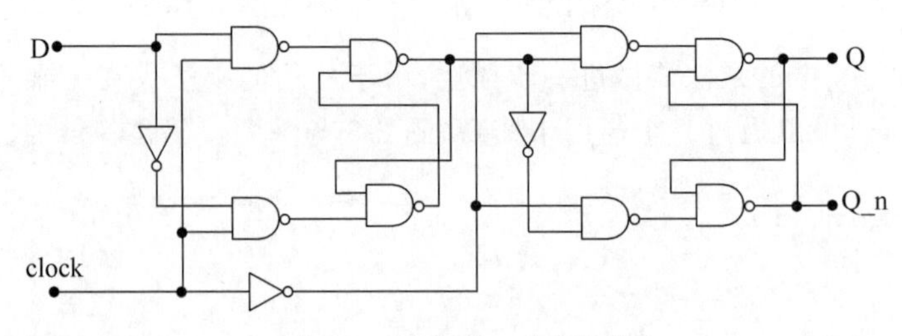

图 2-7　练习题 2 对应电路

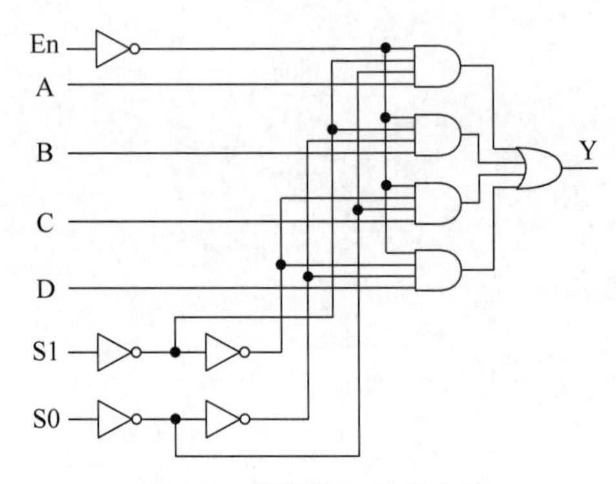

图 2-8　练习题 3 对应电路

第3章

模块的实例化与层次化建模

使用 Verilog 编写模块可以描述电路功能，但是当电路的规模较大时，大量的代码集中在一个模块里，也会造成很多的问题，比如难以管理、调试不便等。在编写代码时经常会把模块划分成一个个独立的功能部分，然后依次实现，在这个过程中需要使用模块的实例化以及层次建模的语法知识。本章的重点内容为：

- 两种端口连接方式；
- 层次化建模的基本思想。

3.1 模块的实例化

有很多名词听起来很抽象，但是实际解释起来却很容易理解，比如实例化这个词，有面向对象编程基础的读者应该很好理解，Verilog 中的实例化就是对已有模块的调用，说起来读者已经在之前的逻辑门调用时使用过实例化语句。实例化的关键在于端口的连接，在 Verilog 语法中分为按顺序连接和按名称连接两种方式。

3.1.1 实例化示例及语法

模块实例化的语法格式如下：

```
模块名称    实例名称(端口连接);
```

可能看起来一头雾水，配合例子会更好理解。在第 2 章的最后给出了一个 multiplier 的模块代码，这里新建一个模块并在其中调用 multiplier 模块，可以观察如下代码：

```
//例 3.1
module  top3_1(a,b,c1,c2);
input    a,b;
output  c1,c2;
```

```
multiplier m1(a,b,c1);                          //按顺序连接 m1 端口
multiplier m2(.c(c2),.a(a),.b(b));              //按名称连接 m2 端口

endmodule
```

此代码在编译后生成如图 3-1 所示的结构。图中可以看到被调用的两个乘法模块，以及它们原本被定义时的端口名称和在新模块中的名称，这两个模块的端口连接分别采用按顺序连接方式和按名称连接方式。

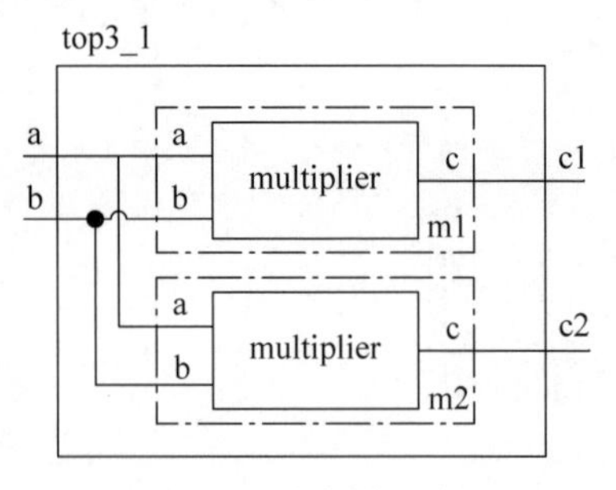

图 3-1　实例化示例

通过代码和结构图不难看出：实例化语法中的模块名称，是一个已经声明过的模块名称，编译器遇到这个模块名时就会从自己的库文件中寻找这个模块，并放置到电路中；实例名称则是程序员自己定义的名称，可以选择满足语法要求的标识符；端口连接就是把被调用模块的端口连接上，否则模块就会处于一个断开的状态，就像一个没有连接导线的电子器件一样，无法在电路中发挥作用。

3.1.2　按顺序连接方式

按顺序连接方式是比较常见的一种端口连接方式，初学者在很长一段时间内使用的都是按顺序连接方式，例 3.1 中 m1 的端口连接就是采用按顺序连接方式。

```
multiplier m1(a,b,c1);                          //调用
module  multiplier(a,b,c);                      //原模块
```

观察调用语句和原模块的端口列表部分，可知按顺序连接就是按照原模块中端口列表给出的顺序，依次将定义好的连线连接在这些端口上。为了便于理解，请观察图 3-2 及其对应的实例化语句。

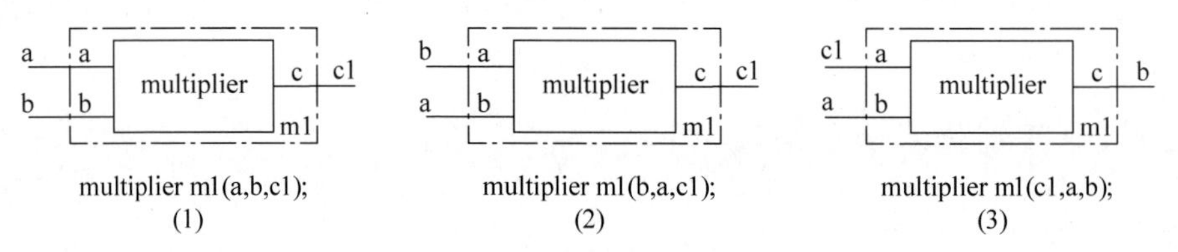

图 3-2　按顺序连接方式的示例

图 3-2 中(1)是正确形式，所以按顺序连接的连线 a、b 和 c1 分别连接到了乘法器的 a、b 和 c 上；(2)中将按顺序连接的连线 a、b 调换了顺序，可以看到 b 连在乘法器的 a 端，这是因为乘法器端口列表的第一个端口就是 a，但此时该乘法器还是能正常工作的，所依靠的是 a、b 在运算中的等价地位；(3)中的连接顺序是 c1、a 和 b，依次会与 a、b、c 连接，此时电路已经连接错误，自然无法实现正常的功能。

有些时候，编译器能够发现一些简单的错误，但是大多数情况下端口连接的顺序错误是不会被报错的，所以在使用时一定要注意原模块端口顺序。按顺序连接的形式简单，使用方便，其最大的弊端就在于顺序的依赖性。在代码调试过程中，增删端口的操作并不少见，而

每次修改端口都要去修改连接顺序，在端口数量较多的设计中就显得过于复杂，所以按顺序连接一般适用于简单的代码中。

有些时候模块中会有端口无须连接，此时只要把端口位置留成空白即可，如下例。

```
multiplier m1(a, ,c1);                          //b 端口悬空,不接入电路
```

3.1.3　按名称连接方式

为了仿真顺序变化引起的错误，按名称连接方式采用了另一种思想：依赖名称。使用按名称连接方式时，其实说白了就是一种对端口的点名。

```
multiplier m2(.c(c2),.a(a),.b(b));              //调用
module  multiplier(a,b,c);                      //原模块
```

在原模块 multiplier 中定义的顺序是 a、b、c，但是按名称连接时的端口顺序是 c、b、a，但这没有影响，因为首先使用语法“.”点出待连接的端口，然后用括号()指出连接上的端口名，使用的语法为：

```
.原模块中的端口名称(模块调用后连接的连线名称)
```

图 3-3 给出了与图 3-2 一样的连接图，也给出了其对应的代码语句，显然只有(1)是正确的，(2)和(3)只是展示了连接方法。

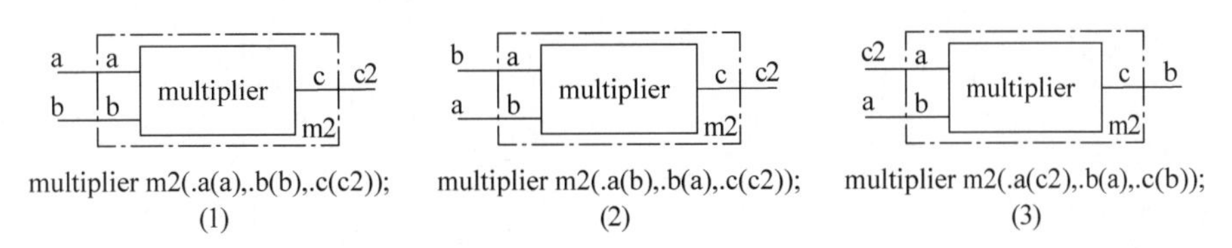

图 3-3　按名称连接方式的示例

由于依赖名称，即使顺序打乱也不会影响端口的连接情况，所以在端口数目较多的设计中常常会使用按名称连接的方式，这样即使增删端口，只需要把对应端口的连接添加或删除即可。不过相比按顺序连接，按名称连接需要额外的代码，所以两种方式读者可自行取舍。

3.2　层次化建模

把多个模块像搭积木一样从低到高组合成所需的样式，称为层次化建模。3.1 节的例 3.1 其实就是一个层次化建模，而其层次化结构已经在图 3-1 中显示。

3.2.1　自顶向下的设计

Verilog 编码过程中使用的是 Top-Down 流程，也称为自顶向下设计流程，如图 3-4 所

示。在设计过程中，设计者先完成一个整体设计规划，然后把整个设计拆分为几个子模块，拆分的标准一般是按功能划分，每个子模块都会有自己特定的功能。这些第一层子模块有的还可以进一步划分，再用第二层子模块来实现所需功能，以此类推，直到最后所有模块都划分清晰，然后依次按照从最底层到最顶层的方式来实现这些模块，最终就能完成 Verilog 代码的整体设计。所以 Verilog 设计的顶层代码中，一般看不到功能性描述，而都是模块的实例化语句，因为全是子模块的调用。

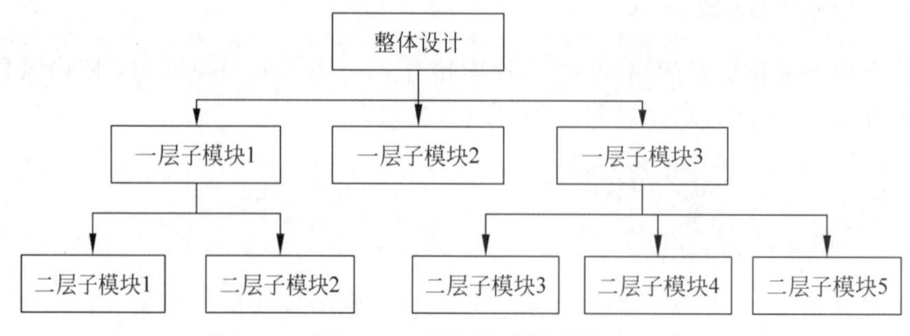

图 3-4　自顶向下设计流程

3.2.2　层次化名称

有些读者可能从例 3.1 开始就一直存在一个疑问：为什么代码中会有好几个 a？这些连线 a 和乘法器模块 multiplier 中的端口 a 不冲突吗？

模块实例化的过程和层次的含义一定要理解清楚，请观察图 3-5。

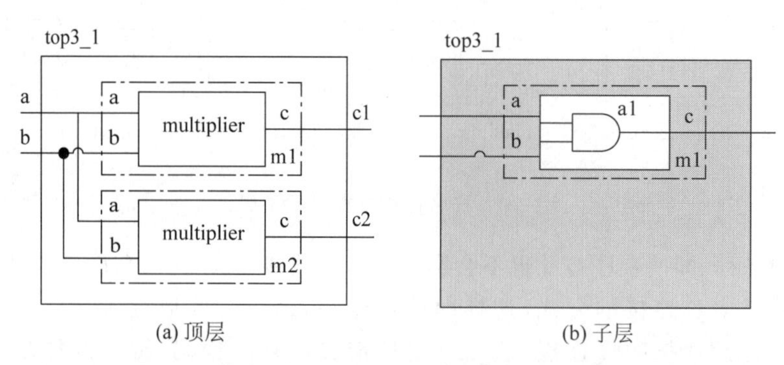

(a) 顶层　　(b) 子层

图 3-5　两个不同的层次

Verilog 的层次不具备穿透性，也就是仅能看到当前所处位置的资源。举例来说，当站在校园里时，能看到的是一栋栋教学楼，但是看不到教学楼里的样子，只有走进教学楼里，才能看到走廊和许多教室，也只有走进教室里，才能看到桌椅板凳，讲台，黑板——而此时没有窗户，看不到其他的教学楼，想看看其他教学楼里面什么样子，只有走出当前的教学楼再进入其他教学楼才行。图 3-5 就展示了这个过程，其中(a)是顶层也就是 top3_1 这个模块下能看到的资源，除了输入输出的端口 a、b、c1、c2 外，还能看到两个模块 m1 和 m2(就像教学楼一样)。而(b)则是进入了 m1 模块之后看到的，能够看到这个模块里面有 a、b、c 三条线，还有一个叫 a1 的模块，注意此时看不到 a1 是一个与门，只知道它的名称。

Verilog 层次引用时使用“.”来表示层次的递进，例如图 3-5 两个层次中的资源，可以使用如下代码来引用：

```
top3_1.a                            //顶层
top3_1.b
top3_1.c1
top3_1.c2
top3_1.m1
top3_1.m2
top3_1.m1.a                         //子层
top3_1.m1.b
top3_1.m1.c
top3_1.m1.a1
top3_1.m2.a                         //子层
top3_1.m2.b
top3_1.m2.c
top3_1.m2.a1
```

想必到此已经很清晰了，只要同一个层次上的标识符不相同就不会产生冲突。虽然 a 出现了三次，但是它们处于不同的层次上，互相之间看不到彼此，从引用的名称上也能看出，仿真器是绝对不会弄混淆的。

3.2.3　层次化建模实例

本节采用层次化建模方式完成图 3-6 所示的结构图，图中顶层模块名称为 CTM，有 clk、enable、Data 三个端口，调用四个模块：Ctrl、lfsr、Delay 和 BtoD，首先给出四个子模块的声明代码，其功能描述部分暂时空缺。

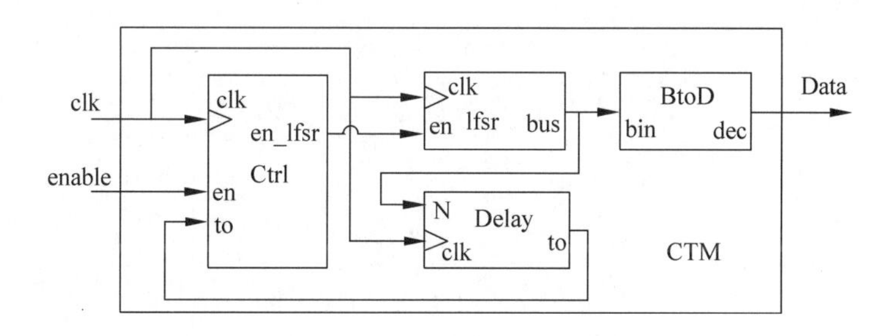

图 3-6　CTM 模块整体结构图

```
module  Ctrl(clk,en,to,en_lfsr);
input clk,en,to;
output  en_lfsr;
//功能描述空缺
endmodule

module  lfsr(clk,en,bus);
input clk,en;
output  [3:0]  bus;
//功能描述空缺
```

```
endmodule

module  Delay(clk,N,to);
input clk;
input  [3:0]  N;
output  to;
//功能描述空缺
endmodule

module  BtoD(bin,dec);
input [3:0] bin;
output  [7:0]  dec;
//功能描述空缺
endmodule
```

然后再调用这四个模块，连接成顶层模块 CTM。从图 3-6 中可以看到，clk 从输入端接入并连接到多个端口，输出线 Data 直接连接 BtoD 模块的 dec 端口，整个模块中未定义的连线只有三条，分别连接 en_lfsr 和 en 端，连接两个模块的 to 端，连接 bus、bin 和 N 端，注意最后一条线连接了三个端口，这是没有问题的。顶层代码如下：

```
module CTM(clk,enable,Data);
input clk,enable;
output  [7:0]  Data;

wire to,en_lfsr;
wire [3:0] N;

Ctrl   crtl_u1(clk,enable,to,en_lfsr);
lfsr   lfsr_u1(clk,en_lfsr,N);
Delay  delay_u1(clk,N,to);
BtoD   btod_u1(N,Data);

endmodule
```

其中 N 是四位宽度，注意不要遗漏。由于采用的是按顺序连接方式，要注意原模块中的端口声明顺序。

练习题

1. 请尝试将 CTM 代码中模块实例化部分修改为按名称连接方式。

2. 现有 1 位全加器的电路结构图(图 3-7)，以及利用 1 位全加器连接成 4 位全加器电路结构图(图 3-8)，请尝试完成设计。

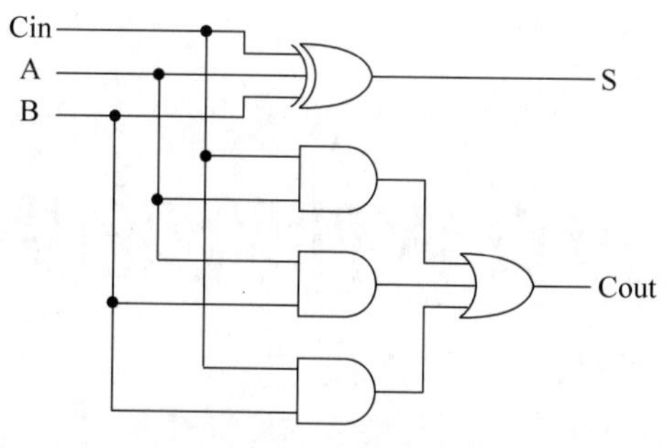

图 3-7　1 位全加器

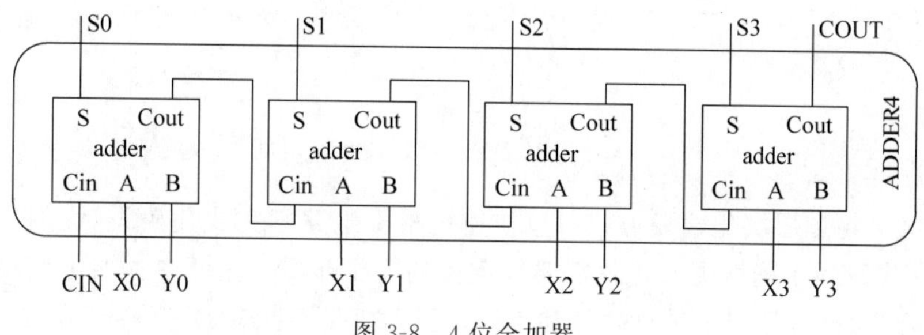

图 3-8　4 位全加器

第4章

使用仿真软件验证设计

使用门级语句和层次化建模方式可以快速地根据电路图完成代码设计，但写完后如何保证 Verilog 代码的正确性呢？这就需要很重要的一个步骤：验证。本书中使用的验证方法都是仿真验证，也就是利用仿真软件和代码，运行之后得到结果并观察正确与否。本章通过一个完整的操作示例来展示仿真软件使用的过程，帮助读者清晰掌握全部操作。

4.1 仿真前的准备

仿真前要准备好三样：仿真软件、设计代码、测试代码。仿真软件使用第 1 章中介绍的几种软件都可以，本书使用 ModelSim，操作步骤大同小异，具体仿真器的实现原理虽有差别但不是使用者关心的层面。设计代码使用门级建模中带使能端的 2-4 译码器，也就是例 2.1，这里不再重复给出，需要提醒读者的是，虽然代码已经完成了，功能看起来也很清晰，但至今尚不知道该代码的具体输入输出关系，这也是随后要测试的一项。测试代码也是很重要的一部分，但现在已学过的语法还不足，本书会在第 10 章再详细讨论测试模块的编写，这其实也是一个很有趣的部分。给出的测试代码如下，可以学完第 10 章再来回顾。

```
module test;
reg  A,B,Enable;
wire [3:0] Z;

initial
begin
     Enable = 1'b0;
     A = 1'b0;B = 1'b0;
 #10 A = 1'b0;B = 1'b1;
 #10 A = 1'b1;B = 1'b0;
 #10 A = 1'b1;B = 1'b1;
 #10 Enable = 1'b1;
```

```
        A = 1'b0;B = 1'b0;
    #10  A = 1'b0;B = 1'b1;
    #10  A = 1'b1;B = 1'b0;
    #10  A = 1'b1;B = 1'b1;
    #10  $ stop;
    end

    initial
    $ monitor("When a = %b, b = %b, enable = %b, the output Z = %b",A,B,Enable,Z);

    decoder2x4 mydecoder(Z, A , B , Enable);

    endmodule
```

设计文件和测试文件都要保存成后缀为".v"的文件，且按照惯例，文件名和模块名应保持一致。

4.2　完整的仿真流程

准备好文件和仿真软件后，可按本节流程进行仿真并观察最后结果，所有设计的仿真验证流程都是相同的。

4.2.1　建立工程

使用 ModelSim 完成仿真分为建立工程和不建立工程两种方式，其中建立工程方式的文件管理更加方便，故推荐使用此方式进行仿真。启动软件后，在菜单栏中选中 File→New→Project，弹出建立工程对话框，如图 4-1 和图 4-2 所示。此处建立工程名称"chapter4"，指定工程路径在安装路径的"book"文件夹下，库名称保持默认的 work，单击 OK 按钮就能顺利建立工程。

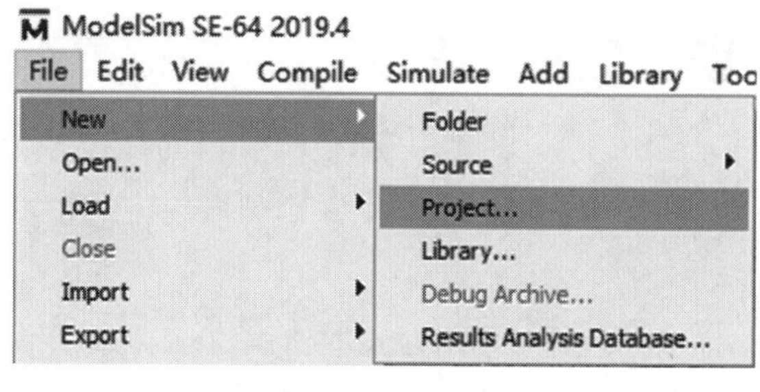

图 4-1　建立工程

图 4-2　标签页设置

4.2.2 添加文件

建立工程后会出现空白的工程标签，此时还可以看到图 4-3 所示的添加项目页面，主要用到其中的“Create New File”和“Add Existing File”。单击选中添加已有文件，在图 4-4 中的对话框中选中已经保存好的“decoder2x4.v”文件，然后单击 OK 按钮，即可在图 4-5 中看到工程页面已经成功添加该文件。

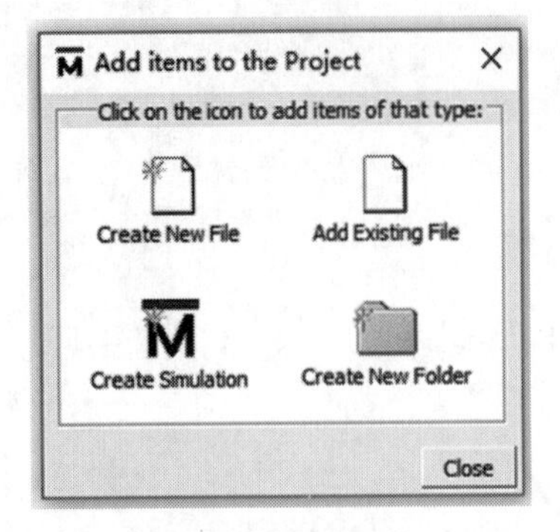

图 4-3 添加项目

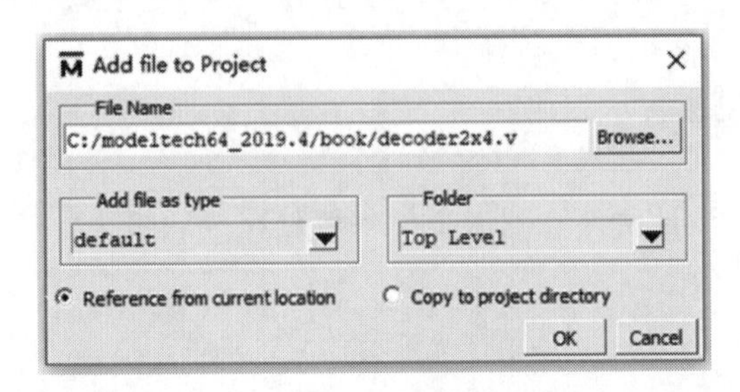

图 4-4 添加新文件

在工程标签内使用右键也可以弹出菜单，如图 4-6 所示，同样可以添加文件。这里选中添加新文件，可以看到图 4-7 所示的对话框，输入文件名“test”之后单击 OK 按钮就可以创建新的 Verilog 文件，注意左下角文件类型栏要选中 Verilog。添加文件结束后可以看到图 4-8 所示的页面。此时“decoder2x4.v”文件有代码内容，“test.v”文件是空白的，把测试文件复制并保存即可。

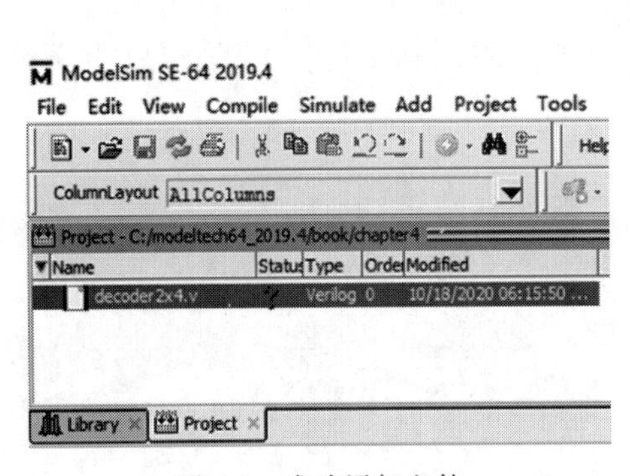

图 4-5 成功添加文件

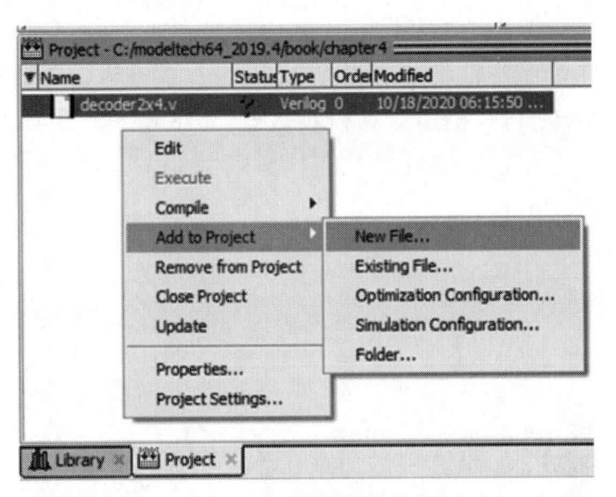

图 4-6 添加新文件

4.2.3 编译与调试

代码文件添入工程后可能会有语法错误，需要用编译功能排除这些错误，在工程标签内选中文件并使用右键菜单，在“Compile”一项中可以选择所需功能，如图 4-9 所示。在 ModelSim 的快捷工具栏中选择对应按钮直接操作也很方便。

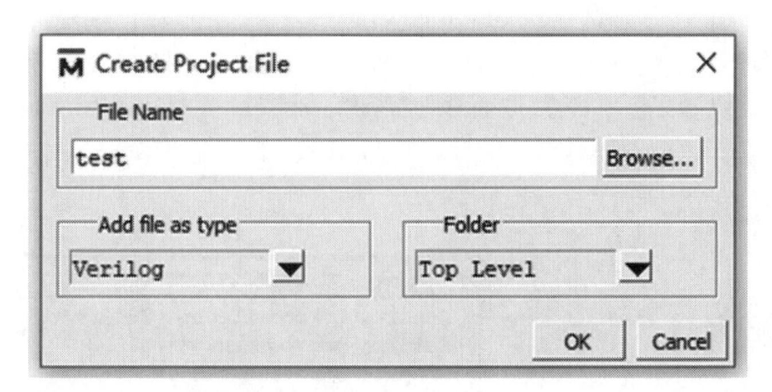

图 4-7　创建新文件

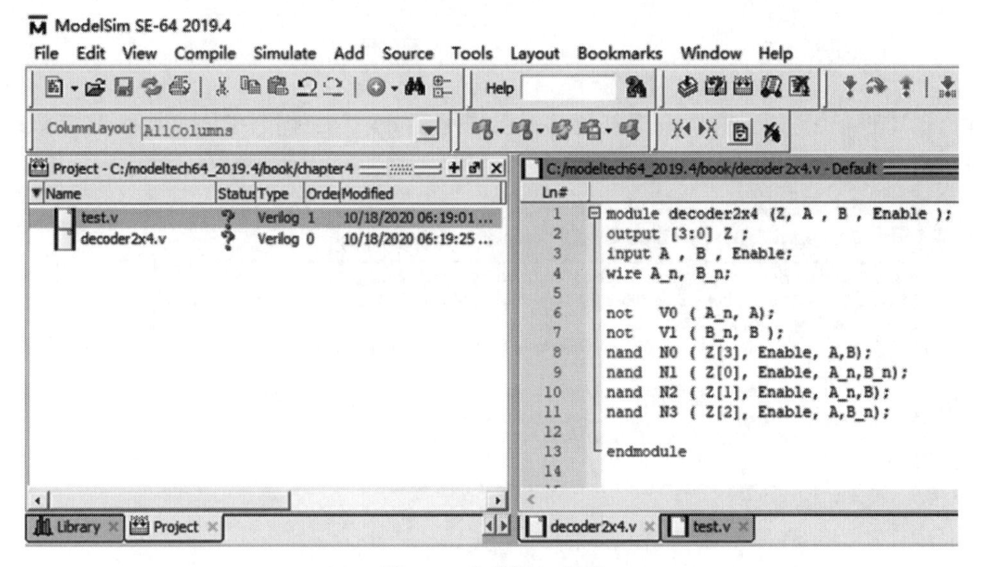

图 4-8　文件添加完毕

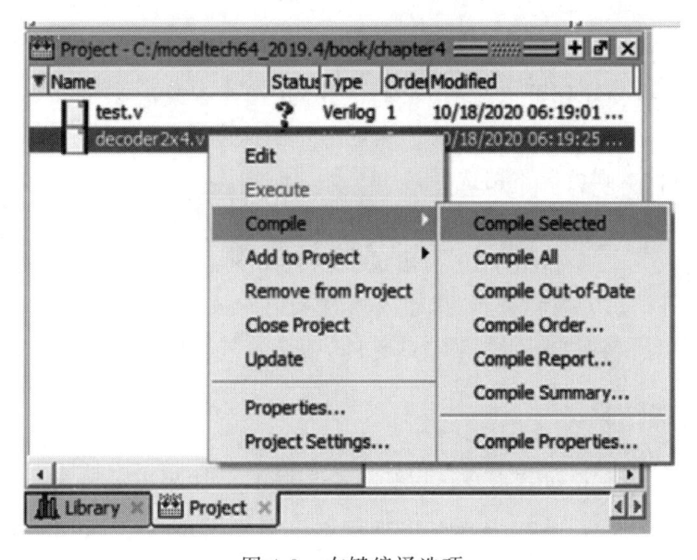

图 4-9　右键编译选项

图 4-10 展示了五个快捷操作按钮，从左到右的功能分别是：编译所选择的文件、编译最近修改过的文件、编译全部文件、启动仿真和中断仿真。选择编译全部文件，然后能看到图 4-11 所示的编译结果，如果代码没有语法错误，则会绿色显示成功，如果包含语法错误，则会红色显示并标记错误的数目。此步骤只能查找最基本的语法错误，并不能发现逻辑错误。

图 4-10 快捷按钮

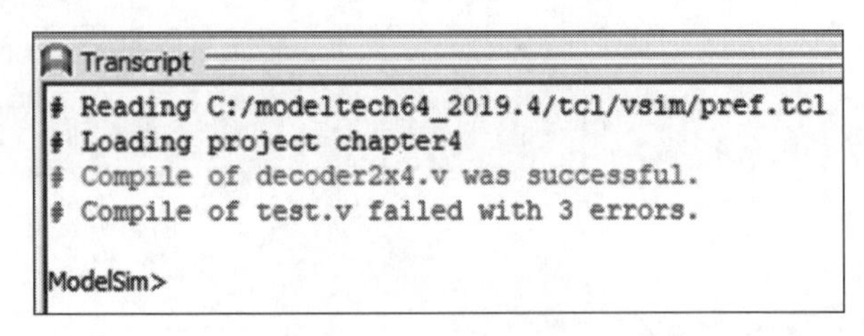

图 4-11 编译结果

出现错误需要进行调试，双击红色的错误提示部分，就会弹出图 4-12 所示的详细提示，可以作为参考，调试代码的对应部分。

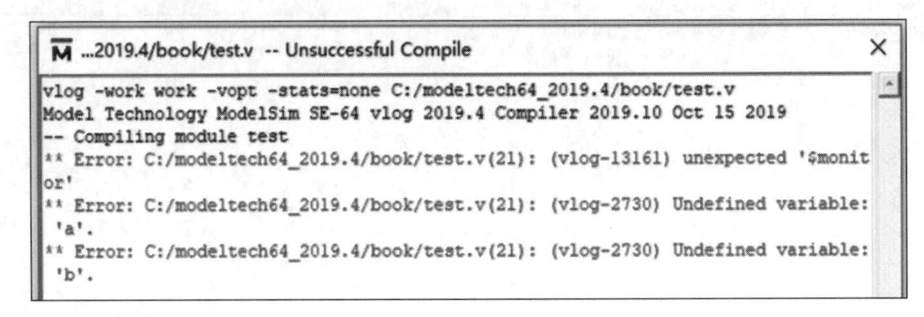

图 4-12 详细错误提示

4.2.4 启动仿真

文件编译全部成功后可以运行仿真，单击运行仿真按钮会启动仿真界面，如图 4-13 所示。编译成功后所有模块都可以在 work 库中找到，选择本章的测试模块 test，在左下角选中"Enable optimization"激活优化。为了保证仿真的速度，在最新的 ModelSim 版本中必须使用优化，若是旧版本则可以不用选择。

优化选项中可以选择不同的可见性，如图 4-14 所示，从上到下依次是无对象可见、全模块可见和自定义。图 4-15 和图 4-16 给出了前两种可见性的仿真界面，主要差异就在于模块中的端口连线等信息会被隐藏，如果想要查看端口的波形信号，则需要选择全模块可见；如果只是使用 Verilog 的语法产生输出，则可以选择无对象可见。

4.2.5 观察结果

在命令行中输入"run -all"命令可以运行全部仿真。如果需要观察仿真波形，则需要在模块的层次名上使用右键"Add Wave"添加到波形窗口中，如图 4-17 所示。也可以选择个别信号单独观察，读者可以自行摸索。

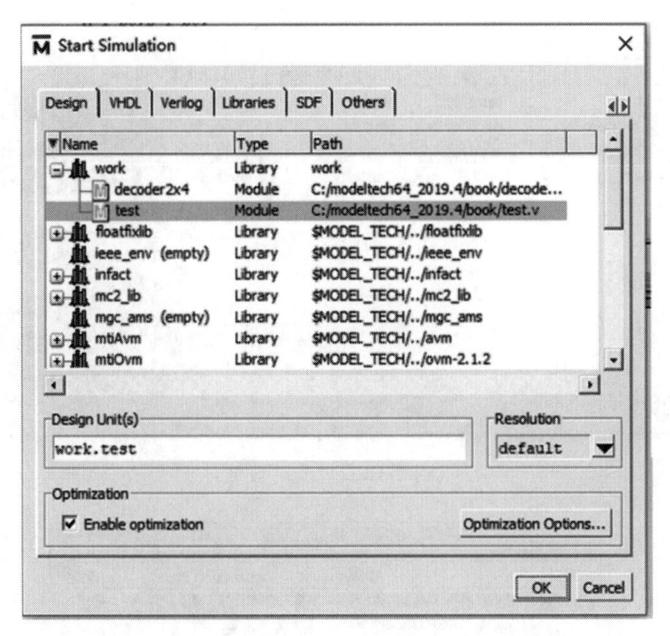

图 4-13　启动仿真

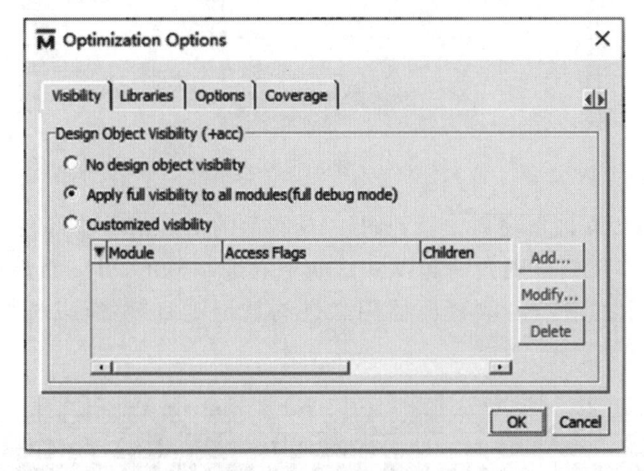

图 4-14　优化选项

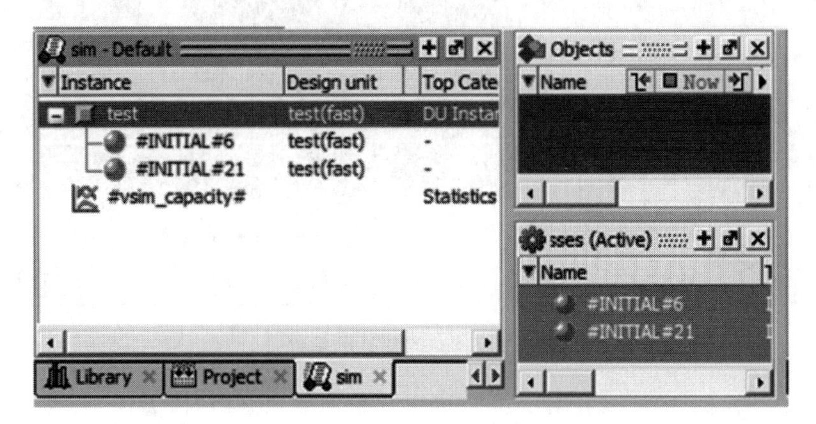

图 4-15　无对象可见

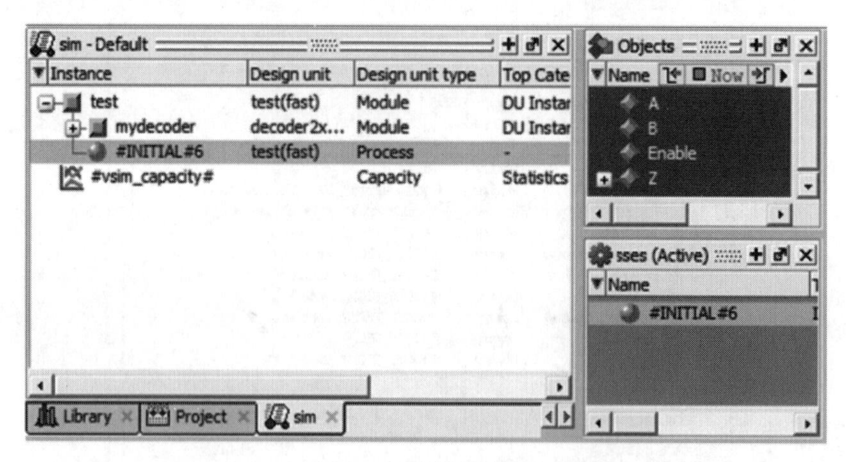

图 4-16　全模块可见

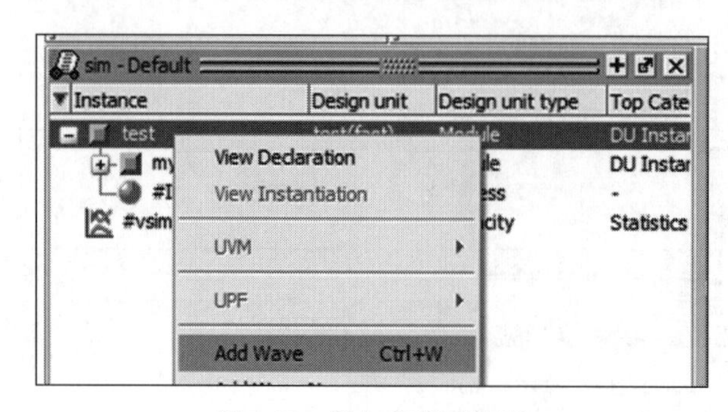

图 4-17　添加信号到波形

运行仿真后可以在波形窗口中看到图 4-18 所示的仿真信号波形，1 位信号直接使用高低来区分 1/0 值，多位信号则会一起以默认的十六进制显示，可以右键选中多位信号并在“Radix”中调整显示的基数，2-4 译码器用二进制显示更直观，所以选择了“Binary”，得到图 4-19 所示的最终波形。

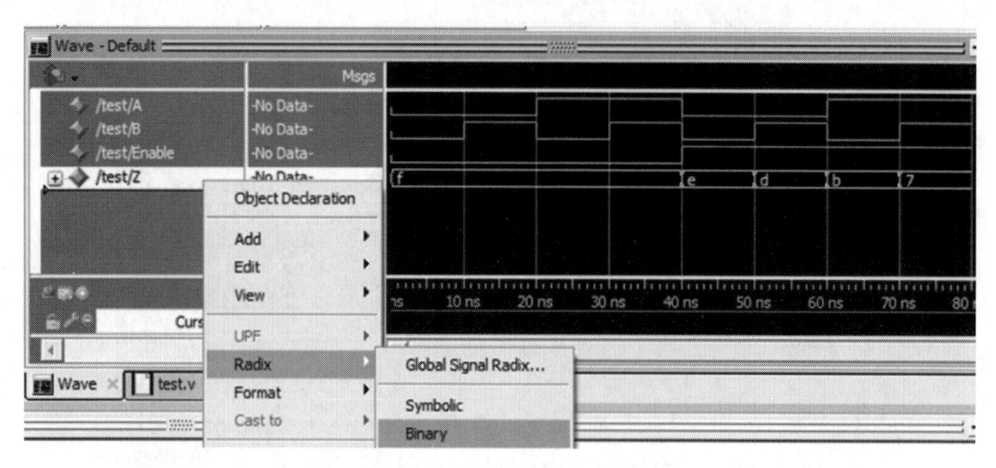

图 4-18　改变显示基数

从图 4-19 的波形中可以看出：当 Enable 为低电平（0 值）时，无论 AB 如何变化，输出值 Z 均保持在“1111”不变；当 Enable 为高电平（1 值）时，AB 依次变化为 00/01/10/11，此

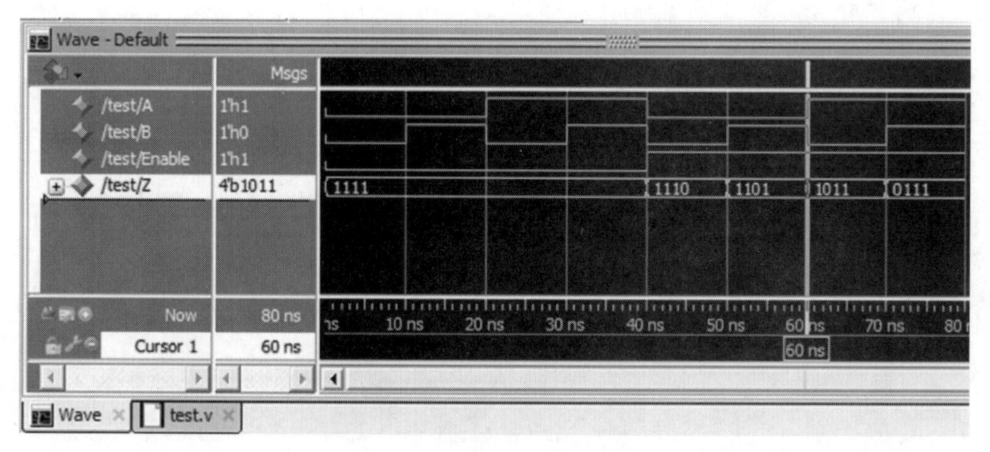

图 4-19 分析波形并验证功能

时输出值 Z 的 Z[0]/Z[1]/Z[2]/Z[3]依次变为 0 值。根据此波形图可以了解该 Verilog 代码中端口的输入输出关系，从而验证功能是否正确。

本章给出的测试模块中还包含 Verilog 的显示输出语法，可以在仿真软件的显示窗口中看到图 4-20 所示的输出信息，很容易读出所有的信号值。此输出信息依赖于测试模块的编写，也是第 10 章要讨论的内容。

```
VSIM 8> run -all
# When a=0, b=0, enable=0, the output Z=1111
# When a=0, b=1, enable=0, the output Z=1111
# When a=1, b=0, enable=0, the output Z=1111
# When a=1, b=1, enable=0, the output Z=1111
# When a=0, b=0, enable=1, the output Z=1110
# When a=0, b=1, enable=1, the output Z=1101
# When a=1, b=0, enable=1, the output Z=1011
# When a=1, b=1, enable=1, the output Z=0111
# ** Note: $stop    : C:/modeltech64_2019.4/book/test.v(18)
#    Time: 80 ns  Iteration: 0  Instance: /test
# Break in Module test at C:/modeltech64_2019.4/book/test.v line 18
```

图 4-20 仿真输出的信号

练习题

请使用下列代码作为测试模块，仿真第 3 章中练习题 2 的 4 位加法器，如有端口声明不同，请按语法修改。

```
module  test_adder4;
reg  [3:0]  x,y;
reg  cin;
wire  [3:0] s;
wire  cout;

ADDER4  myadder(.S(s),.COUT(cout),.CIN(cin),.X(x),.Y(y));
```

```
initial
begin
        cin<=0;x<=11;y<=2;
#10  cin<=0;x<=9;y<=6;
#10  cin<=0;x<=9;y<=7;
#10  cin<=1;x<=11;y<=2;
#10  cin<=1;x<=9;y<=6;
#10  cin<=1;x<=9;y<=7;
#10  $stop;
end

endmodule
```

第5章

RTL建模语法——assign

Verilog 模块的功能描述部分通常不会使用门级建模，而是使用抽象层次更高一些的语法，本章会讲解其中的 assign 语句，可以用来描述连续性赋值。本章语法重点：

- assign 语句的格式。
- 数值的表示形式。
- 按位操作符。

5.1 assign 语句

在门级建模中，曾经使用过调用逻辑门的方式来实现一个 2-4 译码器，其内部的逻辑电路如图 5-1 所示。但是在使用门级时，会发现一个个调用逻辑门太过烦琐，同时内部连线的声明也很麻烦，如果数字集成电路设计都采取如此方式，效率必然会很低。

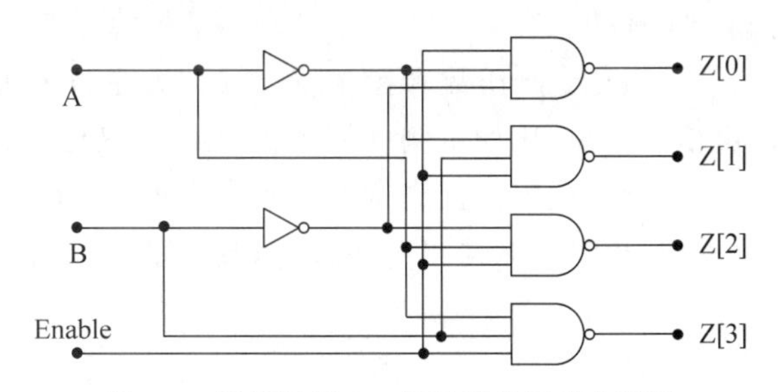

图 5-1 带使能端 2-4 译码器的逻辑电路图

在 Verilog 的建模语法中，RTL 级的建模方式是很受欢迎的。例如 2-4 译码器，就可以使用 assign 语句完成如下代码：

```
//例 5.1  2-4 译码器的 Verilog 代码
module decoder2x4 (Z, A , B , Enable);
output [3:0] Z;
```

```
input A , B , Enable;

assign  Z[0] = ~((Enable)&(~A)&(~B));
assign  Z[1] = ~( (Enable)&(~A)&(B));
assign  Z[2] = ~( (Enable)&(A)&(~B));
assign  Z[3] = ~( (Enable)&(A)&(B));

endmodule
```

对比门级建模的示例,可以看到整个代码得到了精简,同时内部连线也无须额外声明。本示例中采用的assign语句也称为连续赋值语句,用于对线网的赋值,以关键字assign作为语法标示,其基本语法结构如下:

```
assign  线网信号名 = 运算表达式;
```

语句最前方的assign是语法标志,表示开始使用assign语句。语句分为两部分,以等号隔开,等式左侧表示被赋值的信号,等式右侧表示要进行的运算操作。如示例中的:

```
assign  Z[3] = (Enable)&(A)&(B);
```

使用assign语句时要注意,在等式左侧出现的一定要是线网类型,即在之前的声明部分定义为wire类型的线网名,或者是模块声明的输出端,宽度可以是一位,也可以是多位,绝对不能是reg类型的寄存器名,reg类型是在always中使用的,请注意区分。

assign称为连续性赋值语句,其本意就是要对连线进行赋值,也就是对数字电路中的组合逻辑电路进行赋值。在数字电路中有两大分类:组合逻辑电路和时序逻辑电路,其中组合逻辑电路的输出是直接受当时输入信号决定的,而assign语句就是要描述这个输入决定输出的驱动过程,有哪些信号经过何种运算最终赋值给等式左侧的信号,而这些运算就是靠等式右侧的运算表达式来实现的。

运算表达式也由两部分组成:操作数和操作符。操作数是待处理的数据,一般可以直接由数值给出,也可以由信号给出,比如示例中等式右侧的Enable就是用线网信号名表示,参与运算的是该信号实际表示的数据。操作符表示要对这些数据做何种操作,有很多种类,与门级最接近的是按位操作,也是本章使用的操作符,其余的操作符将在第6章集中给出,以便查阅。

5.2 操作数

操作数的种类包括参数、线网、寄存器、整数和时间。其中线网wire和寄存器reg已经在第2章介绍过;时间类型的操作数使用简单,将在系统任务部分直接使用;整数类型的操作数在测试模块中使用方便,可以表示正负,将在第10章中直接使用。但无论哪种类型,都是其代表的数值参与运算操作,故这里着重介绍数值和参数。

5.2.1 数值

数值并不属于数据类型中的某一种，但是可以使用数值对数据类型进行赋值，其基本表示格式如下：

```
<数值位宽>'<数值进制><数值>
```

在这个格式中，只有数值是唯一不可缺少的，位宽和进制部分都可以省略，注意在位宽和进制之间有一个“'”符号，这个符号是键盘上位于 Enter 回车键左侧的双引号/单引号键，如果在 Verilog HDL 的编辑软件中单击此键就会产生这个符号，请注意保持英文输入法。

数值常用的有四种进制形式：二进制、八进制、十进制和十六进制，分别用字母 B、O、D、H 表示，不区分大小写，即 B 和 b 均可表示二进制。

位宽表示一个数字到底包含几位信息，指明数字的精确位数，请注意，该位宽是用数值转化为二进制数之后所具有的宽度来表示的。例如，一个 8 个二进制数的位宽就是 8，而一个十六进制数可以表示成为四个二进制数，所以 8 个十六进制数的位宽就是 32。二进制是数字电路中最根本的表示形式，因为一个数字信号就是以二进制表示的，其他的进制形式只是表达更直观，所以在 Verilog HDL 的语法中统一以二进制位数作为宽度的定义。

综合上述基本语法规则，可以思考如下 4 个数值：

```
3'b011
4'd12
6'o34
8'ha5
```

以上定义全部是完整的数字描述，都给出了数值位宽、数值进制和具体的数值。第一行中定义了一个 3 位的二进制数“011”。第二行中定义了一个 4 位十进制数“12”，它对应的二进制数值就是“1100”，也就是说本行定义的数值与“4'b1100”表示的数值是完全相同的。第三行中定义了 8 进制数“34”，同样，它等同于二进制数“6'b011100”。最后一行定义了十六进制数“a5”，等同于二进制数“8'b10100101”，它也可以用其他的进制比如十进制等来表示，也都是一个数字的不同表示形式而已。

建议在初学时使用数值都按标准格式来定义，即各部分完整，且位宽与实际数值都是匹配的。如果位宽部分与数值部分的宽度不匹配，则采取空缺部分补零、多余部分截取的方式。如下例：

```
8'o34                    //位宽多于数值宽度
6'ha5                    //位宽少于数值宽度
```

对于第一行的 8 位八进制数来说，它等同于“8'b00011100”，在原本 6 位的数值前补了两个零变为 8 位数值。对于第二行中的 6 位十六进制数，它等同于“6'b100101”，原本最高位的两个有效数值位“01”被直接截掉了，仅保留低 6 位的信息。

如果缺少了数值位宽或数值进制，则会按默认形式解读。如果仅包含数值进制和数值部分，则数值位宽采用默认宽度，主要取决于所使用机器系统的宽度和仿真器所支持的宽度，一般视为 32 位。如果仅有数值部分，则在默认宽度的基础上再默认数值进制为十进制，如下例：

```
6'o43           //相当于 100011
'o43            //相当于 00000000000000000000000000100011
43              //相当于十进制的 43,二进制的 00000000000000000000000000101011
```

如果数值部分的位数比较多，可以采用下画线来间隔数字，但仅仅用于提高数值可读性，不会改变原有的数值。如下例：

```
32'b0000_0000_0000_0000_0000_0000_1010_0101
32'h0000_00a5
32'ha5              //此三种形式是等效的
```

在数值部分还有两种情况，分别是 z 和 x，这两种值也是有实际含义的。如果一根导线什么输入都没有接入，就会处于断开状态，而断开状态一般在电路中表示为高阻态，也就是 z。如果是寄存器，其拥有驱动源，在电路启动的最初阶段会得到一个赋值，但无法确定这个数值到底是什么，这就是未知态 x，或称为不定态。这两种值在赋值时不会使用，而在实际的电路仿真中，高阻态 z 会出现在总线类型代码描述中，而未知态 x 会出现在仿真的最开始，仿真中段如果出现 x，则基本表示代码出现了问题。所以对这两种数值的讨论不会出现在本书中，包括第 2 章的门级代码中，其实也没有出现这两种值。

5.2.2 参数

有些时候某些数值需要多次使用，或具有一定的意义，此时就可以设计为参数类型。Verilog 中使用关键字 parameter 来定义参数，可以用来指代某个常用的数值、字符串等，其语法格式如下：

```
parameter  参数名 1 = 表达式 1,参数名 1 = 表达式 2;
```

在语法结构中，parameter 是关键字，后面的参数名是设计者自己定义的一个标识符，表达式部分可以是数值，也可以是某种运算或表达式，如下例：

```
parameter  size = 8;
parameter  a = 4,b = 16;
parameter  width = size - 1;
```

前两行例子中分别定义了参数 size、a、b 等，并对应赋值，这些数值在模块中就可以直接通过定义好的参数标识符来使用。例如第三行定义了参数 width，数值为 size 减 1，所以就相当于定义为数值 7。

参数一般用来指代固定的数值，比如数据的宽度、延迟的时间、状态的编码等，其他情况中使用得不多。参数要定义在模块内，作用范围仅在此模块内以及实例化之后的本模块，出了模块 module 和 endmodule 的层次边界后，参数就不再生效了。

如果需要对某个模块中的参数做临时修改，可以使用实例化方式或层次化方式来完成。

实例化方式改写参数值参考如下示例代码：

```
module  example(A,Y);
parameter   size = 32,delay = 6;
endmodule

module  test;
example  #(16,8)  t1(a1,y1);
example  #(16)   t2(a2,y2);
endmodule
```

代码中定义了 example 模块并分别实例化了 t1 和 t2 两个模块。在 example 模块中定义的 size 和 delay 仅在本模块内或者在本模块被实例化后的实例化模块内有效，请结合层次关系理解这一点。如果在模块中实例化引用了 example 模块，就可以使用＃()语法来重新定义参数。例如在模块 test 中第一个模块 t1 重新定义了两个参数，此时在模块 t1 中 size 和 delay 的值就被重新定义为 16 和 8。在第二个模块 t2 中仅给出了一个数值，则会按照原模块中定义的顺序依次重新赋值，在 example 模块中先定义了参数 size，所以 16 这个数值就先赋给 size，后面的 delay 没有得到重新赋值，这样在模块 t2 中 size 的值为 16，delay 的值依然是 6。

还可以使用关键字 defparam 结合层次化名称来改写参数，如下例：

```
module  example(A,Y);
parameter   size = 8,delay = 15;
endmodule

module  test;
example    t1(a1,y1);
example    t2(a2,y2);
endmodule

module annotate;
defparam   test.t1.size = 16,test.t1.delay = 8;
defparam   test.t2.size = 16;
endmodule
```

代码中 annotate 模块使用 defparam 关键字重新定义了两个模块 t1 和 t2 中的参数值，与使用实例化改写的最终效果一致，用层次化命名的方式引用某个参数来进行改写，如果改写多个参数时用逗号隔开。

5.3　按位操作符

按位操作符是对两个相同位宽的操作数按位依次进行操作，如果位宽为 1，则看起来与门级建模中的逻辑门具有相同的功能，但多位的情况下则更为简便，例如可以把或门改成“|”符号完成两个数据之间的或运算，无论多少位的数值都采用一个符号即可完成，而不用

像门级一样去罗列门数。

按位操作符是 assign 语句中主要使用的操作符之一，与数字逻辑关系对应，有非、与、或、异或、同或五种，其他逻辑关系可以通过这五种组合完成，操作运算规则如下，如前文所述，x 和 z 不在讨论范围内。

- ～：按位取反，单目操作，即只有一个操作数。例如～A 就完成了对 A 取反的操作，如果 A 原有的值为 1，则取反之后的值为 0，相当于让 A 通过了一个非门。按位取反操作对数值的处理规则是：0 的反为 1，1 的反为 0。
- &：按位与操作，双目操作，带两个操作数，功能是把两个操作数按位进行与操作，其结果位数与操作数位数相同，如例 5.1 中使用到如下语句：

```
assign  Z[2] = (Enable)&(A)&(~B);
```

  其功能就是把信号 B 先按位取反，再和 A、Enable 信号做与操作，其功能相当于先通过一个非门，再通过一个三输入端口的与门，这与门级建模中的逻辑门是等价的。按位与操作对数值的处理规则是：0 和任何值的与为 0，1 和 1 的与为 1。
- |：按位或操作，双目操作，带两个操作数，功能是把两个操作数按位进行或操作，其结果位数与操作数位数相同。按位或操作对数值的处理规则是：1 与任何值的或为 1，0 与 0 的或为 0。
- ^：按位异或操作，双目操作，带两个操作数，功能是把两个操作数按位进行异或操作，其结果位数与操作数位数相同。按位异或操作对数值的处理规则是：0 和 1 的异或为 1，0 和 0、1 和 1 的异或为 0。
- ^～：按位同或操作，双目操作，带两个操作数，功能是把两个操作数按位进行同或操作，其结果位数与操作数位数相同。按位同或操作对数值的处理规则是：0 和 1 的同或为 0，0 和 0、1 和 1 的同或为 1。

利用以上规则可以计算如下例子，左侧为操作数和操作符，右侧为得到的运算结果：

```
~4'b0011 = 4'b1100;
4'b0011 & 4'b1010  =  4'b0010;
4'b0011 | 4'b1010  =  4'b1011;
4'b0011 ^ 4'b1010  =  4'b1001;
4'b0011 ^~4'b1010  =  4'b0110;
```

练习题

1. 请使用 assign 语句写出下列电路的 Verilog 代码。

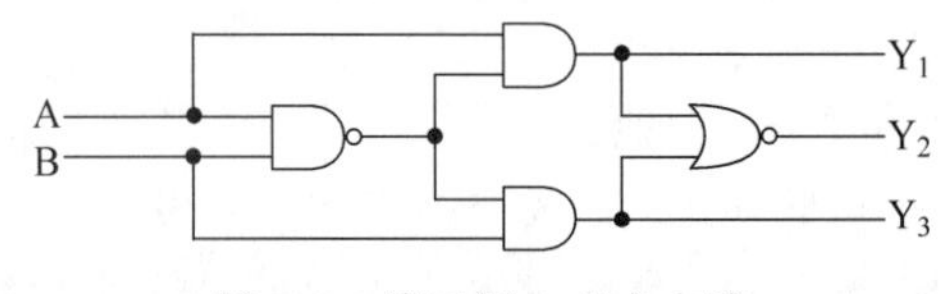

图 5-2　练习题 1 对应电路

2. 请使用 assign 语句写出下列电路的 Verilog 代码。

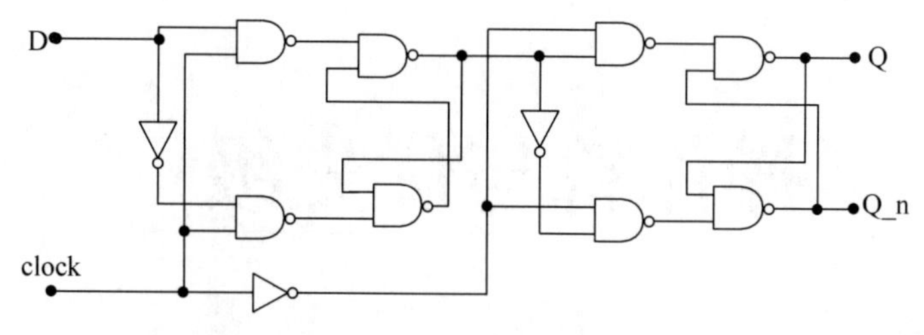

图 5-3　练习题 2 对应电路

3. 请使用 assign 语句写出下列电路的 Verilog 代码。

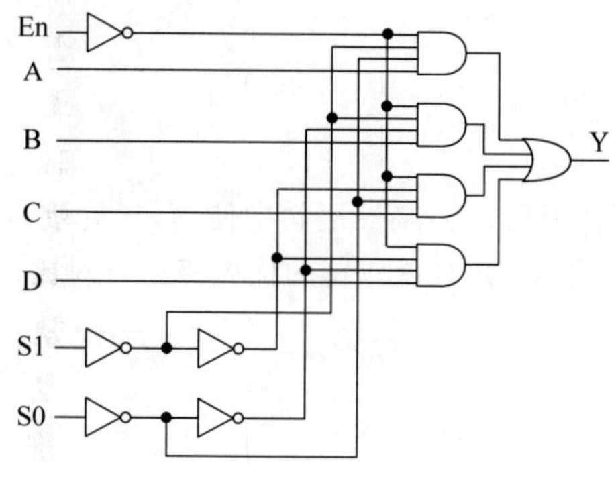

图 5-4　练习题 3 对应电路

第6章

操作符与优先级

操作符的种类众多，而且不仅在 assign 语句中使用，在后续章节中都会使用到，本章会介绍使用频率较高的几类操作符，并对操作符的优先级进行对比。

6.1 操作符

除了按位操作符之外，常用的操作符有算术操作符、逻辑操作符、关系操作符、等式操作符、移位操作符、拼接操作符、缩减操作符和条件操作符。

6.1.1 算术操作符

算术操作符完成的功能是对操作数做二进制运算，例如加减乘除和取模运算，所对应的操作：

- ＋：完成加法操作，如 a＋b，5＋7 等。
- －：完成减法操作，如 a－b，7－5 等。
- ＊：完成乘法操作，如 a＊b，5＊7 等。
- /：完成除法操作，如 a/b，7/5 等。
- %：完成取模运算，即求余运算，要求两侧均为整数，如 7%5。

需要注意的是，算术操作符并不是全部都能变成电路来实现。其中的加法和减法操作能够直接用电路完成，因为加法器/减法器的数字电路已经很成熟。乘法功能无论是使用 FPGA 还是 DC 等综合工具，也都能从工艺库中得到映射，在实际电路中得到实现。除法和取模这两种操作符暂时还不能支持，所以要实现这两种功能，需要专门编写模块来完成，但可以用来编写测试模块等不需要综合的代码模块。除法操作会保留整数部分，比如 7/5 的值就是 1，虽然正常运算还会余 2，但是只保留整数部分。取模运算会保留余数 2，多用于加密系统的运算，在第 16 章中会有取模运算的实例设计。

6.1.2 逻辑操作符

逻辑操作符完成操作数的逻辑运算，返回的是一个逻辑值而不是算术值，也就是说逻辑操作符会返回逻辑真或逻辑假，对应的数值就是1和0，虽然是数值，却是逻辑结果的体现，1代表逻辑真，0代表逻辑假。逻辑操作符有三种：

- !：逻辑非，单目操作，完成逻辑的反操作，即真的非为假，假的非为真。
- &&：逻辑与，双目操作，完成逻辑的与操作，两个真逻辑的与为真，其他情况（一真一假和两个假）的逻辑与为假。
- ||：逻辑或，双目操作，完成逻辑的或操作，两个假逻辑的或为假，其他情况（一真一假和两个真）的逻辑为真。

逻辑操作的运算规则说起来比较绕口，可以通过表6-1来说明。

表6-1 逻辑操作符运算规则

a	b	!a	!b	a&&b	a||b
假	假	真	真	假	假
假	真	真	假	假	真
真	假	假	真	假	真
真	真	假	假	真	真

逻辑操作符的返回结果是一个1位的数值，在实际使用中如果出现了对多位信号的直接逻辑判断，则遵循非真即假的原则，即多位变量中包含1值便被视为真，其余情况视为假，例如a=4'b0011，此时如果对a做逻辑判断，则将a认为是真，而将!a认为是假。

6.1.3 关系操作符

关系操作符都是双目操作，包含如下几种：

- <：小于。
- <=：小于等于。
- >：大于。
- >=：大于等于。

关系操作符返回的运算值也是一位的1或0，代表真或假，例如：

```
a = 4'b0110;
b = 4'b1011;
a < b                    //返回值为 1,逻辑真
a <= b                   //返回值为 1,逻辑真
a > b                    //返回值为 0,逻辑假
a >= b                   //返回值为 0,逻辑假
```

关系操作符常常和逻辑操作符一起使用，例如：

```
(a > b)&&(x < y)
(!a) || (!x)
```

这些操作符会在后续的always结构中频繁出现，多用于条件判断。

6.1.4 等式操作符

等式操作符常用的有两种：

- ==：等于。
- !=：不等于。

这两种等式操作符也是返回逻辑值，判断操作符两侧值是否相等，相同则是逻辑真，不同则是逻辑假。

另外，要注意==和=的区别，前者用于判断关系返回逻辑值，后者用于赋值，例如if(a==b)是判断a和b是否相等，但是if(a=b)则是把b赋值给a再判断是否成功，可知此时返回的逻辑值一定是真，所以一定要注意操作符的使用场合。

6.1.5 移位操作符

移位操作符用来对信号进行移位操作，包含如下四种：

- >>：逻辑右移。
- <<：逻辑左移。
- >>>：算术右移。
- <<<：算术左移。

移位操作符还要在操作符后面接数字表示移位的数目，例如：

```
reg [3:0] a,b,c;
a = 4'b0110;
b = a >> 1;
c = a << 2;
```

该代码首先给a赋值为0110，然后b得到a右移一位的数值，最右侧0消失，左侧空位补0，得到b为0011，c得到a左移两位的数值，本应为011000，但是由于电路中c已经被定义为4位宽，所以保留低4位，c的值为1000。这种操作符在一些乘法算法的建模中或需要移位操作时很实用。

算术移位多用于负数的移位，可以保留符号，例如：

```
integer  a;              //整数类型
a = -10;
c = a >>> 3;
```

运算结束后c的值为-2，保留了原有的符号。

6.1.6 拼接操作符

拼接操作符可以完成几个信号的拼接操作，用大括号{ }表示。使用方式如下例：

```
wire [3:0] a,b,c;
a = 4'b0000;
b = 4'b1111;
c = 4'b0110;
x1 = {a,b,c};                          //直接拼接,x1 等于 0000_1111_0110
x2 = {a[3],b,c};                       //单个位拼接,x2 等于 0_1111_0110
x3 = {a[2:0],b[0],c};                  //多位拼接,x3 等于 000_1_0110
x4 = {a[0],b[0],c[0],2'b00};           //与数值拼接,x4 等于 01000
```

上面的 x 信号就是由 a、b、c 信号拼接而成。拼接操作符中如果出现多个信号，需要用逗号隔开，每个部分可以是信号，或者是信号的某一位或某几位，也可以是确切的数值。但有一点：拼接操作符中的信号宽度必须指明。下面两个代码都是错误的：

```
x5 = {a[0],b[0],c[0],'b0};          //错误,未指明宽度
x6 = {a[0],b[0],c[0],0};            //错误,以为是使用了默认宽度,但其实也是未指明宽度
x7 = {a[0],b[0],c[0],32'b0};        //正确,指明了宽度
```

拼接操作符还可以嵌套使用，指定某个信号重复多次，例如：

```
{2{c}}                              //2 次 c 的拼接,等于 0110_0110
{a,2{c[2:1]}};                      //等于 0000_1111
```

6.1.7 缩减操作符

缩减操作符的符号与按位操作符的符号相同，只是没有非的操作符。缩减操作符所执行的是把数据的每一位按从左至右的顺序依次做操作，并得到一个一位的运算结果，都是单目操作符。使用方式如下例：

```
a = 4'b0101;
&a                                  //执行 0&1&0&1 ,结果为 0
|a                                  //执行 0|1|0|1,结果为 1
^a                                  //执行 0^1^0^1,结果为 0
^~a                                 //执行 0^~1^~0^~1,结果为 1
```

缩减操作符和按位操作符的符号一样，很容易混淆，使用和阅读时要注意使用的位置和所带操作数的个数，这样就可以区分了。

6.1.8 条件操作符

条件操作符可以进行条件判断并按分支执行，语法结构如下：

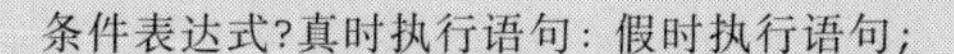

```
条件表达式?真时执行语句: 假时执行语句;
```

其执行过程是先判断条件表达式的真假，若真则执行后面的真时执行语句，若假则执行后面的假时执行语句，两个语句之间用冒号间隔开。如下例：

```
assign a = enable? in1:in0;
```

该语句就对 enable 的信号值进行判断，当 enable 信号值为 1 时输出 in1，当 enable 信号值为 0 时输出 in0。又如下例：

```
assign a = (x > y)? in1:in0;
```

该语句判断 x 和 y 的大小关系，当 x 大于 y 时输出 in1，其余情况输出 in0。

6.2 操作符优先级

操作符之间有优先级的概念，如果不注意使用会产生意外的结果，例如：

```
a - 1 < b
a - (1 < b)
```

对于第一行代码，是先对 a 减一操作，然后再判断与 b 的大小关系，返回一个逻辑值。对于第二行代码，是先判断 1 和 b 的逻辑关系，然后返回一个一位的逻辑值，再用 a 减去这个值，得到一个计算结果。显然这两个操作是不一样的，造成不一样结果的原因就是减法操作符比关系操作符的优先级要高。操作符优先级的高低可见表 6-2。

表 6-2 操作符优先级

<table>
<tr><th>操　作</th><th>操 作 符</th><th>优 先 级</th></tr>
<tr><td>按位取反，逻辑非</td><td>~ !</td><td rowspan="12">最高
↓
最低</td></tr>
<tr><td>乘、除、取模</td><td>* / %</td></tr>
<tr><td>加、减</td><td>+ -</td></tr>
<tr><td>移位</td><td><< >></td></tr>
<tr><td>关系</td><td>< <= > >=</td></tr>
<tr><td>等价</td><td>== !=</td></tr>
<tr><td rowspan="3">缩减、按位</td><td>& ~&</td></tr>
<tr><td>^ ^~</td></tr>
<tr><td>| ~|</td></tr>
<tr><td rowspan="2">逻辑</td><td>&&</td></tr>
<tr><td>||</td></tr>
<tr><td>条件</td><td>? :</td></tr>
</table>

在使用过程中，对于按位取反和逻辑非一般可以不加括号处理，因为一来它们是单目操作符，仅有一个操作数，二来它们的优先级是最高的。例如：

```
x = !a&&!b;                    //等价于 x = (!a)&&(!b);
y = (a > b)&&(c > d);
```

对于第一行代码中的!a 和!b 就可以不加括号直接使用，而对于第二行中的>操作符就要使用括号。当设计中代码较长时建议增加括号，可以增加代码的可读性。

操作符的种类和具体的使用方法要熟练掌握，这是使用 Verilog 建模的基础。表 6-3 中把介绍过的操作符做了归类，方便读者查找使用。

表 6-3　操作符归类

<table>
<tr><th>操作类型</th><th>操作符</th><th>执行的操作</th><th>操作数的个数</th></tr>
<tr><td rowspan="6">算术</td><td>*</td><td>乘</td><td>2</td></tr>
<tr><td>/</td><td>除</td><td>2</td></tr>
<tr><td>+</td><td>加</td><td>2</td></tr>
<tr><td>-</td><td>减</td><td>2</td></tr>
<tr><td>%</td><td>取模</td><td>2</td></tr>
<tr><td>**</td><td>求幂</td><td>2</td></tr>
<tr><td rowspan="5">按位</td><td>~</td><td>按位求反</td><td>1</td></tr>
<tr><td>&</td><td>按位与</td><td>2</td></tr>
<tr><td>|</td><td>按位或</td><td>2</td></tr>
<tr><td>^</td><td>按位异或</td><td>2</td></tr>
<tr><td>^~或~^</td><td>按位同或</td><td>2</td></tr>
<tr><td rowspan="3">逻辑</td><td>!</td><td>逻辑求反</td><td>1</td></tr>
<tr><td>&&</td><td>逻辑与</td><td>2</td></tr>
<tr><td>||</td><td>逻辑或</td><td>2</td></tr>
<tr><td rowspan="4">关系</td><td>></td><td>大于</td><td>2</td></tr>
<tr><td><</td><td>小于</td><td>2</td></tr>
<tr><td>>=</td><td>大于等于</td><td>2</td></tr>
<tr><td><=</td><td>小于等于</td><td>2</td></tr>
<tr><td rowspan="2">等式</td><td>==</td><td>相等</td><td>2</td></tr>
<tr><td>!=</td><td>不等</td><td>2</td></tr>
<tr><td rowspan="4">移位</td><td>>></td><td>逻辑右移</td><td>2</td></tr>
<tr><td><<</td><td>逻辑左移</td><td>2</td></tr>
<tr><td>>>></td><td>算术右移</td><td>2</td></tr>
<tr><td><<<</td><td>算术左移</td><td>2</td></tr>
<tr><td>拼接</td><td>{ }</td><td>拼接</td><td>任意个数</td></tr>
<tr><td rowspan="6">缩减</td><td>&</td><td>缩减与</td><td>1</td></tr>
<tr><td>~&</td><td>缩减与非</td><td>1</td></tr>
<tr><td>|</td><td>缩减或</td><td>1</td></tr>
<tr><td>~|</td><td>缩减或非</td><td>1</td></tr>
<tr><td>^</td><td>缩减异或</td><td>1</td></tr>
<tr><td>^~或~^</td><td>缩减同或</td><td>1</td></tr>
<tr><td>条件</td><td>?:</td><td>条件</td><td>3</td></tr>
</table>

练习题

1. 请尝试使用条件操作符完成 2-4 译码器。
2. 请尝试使用本章的操作符完成一个 8 位的比较器，端口数目参考第 5 章。

第7章

RTL建模语法——always

使用assign语句进行建模已经变得相对简洁了，但是对于逻辑功能的判断还是略显吃力，最直接的表现就是很难实现复杂逻辑关系；而且assign语句描述的电路为组合逻辑电路，这样整体的抽象层级显得较低。为了获得更高的抽象层次，建模时可以使用always语句来完成各种逻辑判断，并实现时序电路的建模。

7.1 always语句

7.1.1 使用示例

如果使用always语句来对前面的2-4译码器建模，那无论从编写代码还是阅读代码的角度都会变得非常容易，可以观察如下两个代码：

```
//例7.1 采用if嵌套完成2-4译码器
module decoder2x4 (Z,A,B,Enable);
output [3:0] Z ;
input A,B,Enable;
reg    [3:0] Z;

always @(A,B,Enable)
begin
    if(Enable == 1'b0)
        Z = 4'b1111;
    else
    begin
        if (A == 1'b1)
        begin
            if(B == 1'b1)
                Z = 4'b0111;
            else
```

```
                Z = 4'b1011;
            end
            else
            begin
                if(B == 1'b1)
                    Z = 4'b1101;
                else
                    Z = 4'b1110;
            end
        end
    end

    endmodule
    //例 7.2 采用 case 语句完成 2-4 译码器
    module decoder2x4 (Z,A,B,Enable);
    output [3:0] Z ;
    input A,B,Enable;
    reg    [3:0] Z;

    always @( * )
    begin
        if(Enable == 1'b0)
            Z = 4'b1111;
        else
            case({A,B})
            2'b00:Z = 4'b1110;
            2'b01:Z = 4'b1101;
            2'b10:Z = 4'b1011;
            2'b11:Z = 4'b0111;
            default:Z = 4'b1111;
            endcase

    end
    endmodule
```

可以看到，两个代码虽然主体部分不尽相同，但有一个相似的结构，就是 always 引导的多条语句。从语句的角度看，整个代码的功能更加直观易懂，比如例 7.1，即使没有编码经验，也很容易读出电路的功能，但是却不知道具体电路是怎么实现的。从逻辑门到 assign 再到本章的 always，电路结构逐渐模糊不清，但电路功能逐渐清晰，这也就是抽象层次逐渐升高带来的效果，使设计人员能够更专注于电路功能的设计而不用局限于电路的实现，至于电路最终如何实现，只要符合可综合的要求，EDA 工具就会帮助设计人员来完成。

7.1.2 always 语法介绍

使用 always 建模，其语句结构如下：

```
always  <时序控制方式>  执行语句
```

always 结构常用的控制方式分为基于延迟的控制和基于敏感事件列表的控制。always 结构需要时序控制方式是因为该结构时刻活动，如果没有控制方式的参与，此结构中的语句可能会发生死锁，或者变成类似 assign 语句了。观察下列两行代码：

```
always  clk = ~clk;
always  sum = a + b;
```

第一条语句执行 clk 的取反操作，由于没有时序控制，clk 会时刻把自己的取反信号赋值给自己，生成一个死循环。第二条语句完成 a 和 b 的加法并赋值给 sum，但是这条语句完全可以由如下语句替换，而且看起来更加自然：

```
assign  sum = a + b;
```

这就变成了 assign 语句。一般地，很少见到类似第二条语句的写法，而是改为使用 assign 语句来编写代码，always 结构一旦出现，必然使用时序控制方式。

基于延迟的控制使用＃号加时间的方式来控制，例如：

```
always  #5  clk = ~clk;
```

这条语句执行的功能就是每隔 5 个时间单位把 clk 的取反信号赋给自己，可以生成一个每隔 5 个时间单位变化一次的周期信号，实际上这也是测试模块中时钟信号的声明方式。

基于敏感事件列表在实际建模中使用的最多，也是后续建模中使用的主要方式，其控制方式为“@”引导的事件列表，也称为敏感列表，如下：

```
always  @(敏感事件列表)
```

敏感事件列表是由设计者指定的，一般有两种情况：信号名称和带边沿的信号名。如果敏感事件列表中出现的是信号名称，称为电平敏感，表示对信号的逻辑值敏感，当信号出现 0 和 1 的变化时，always 后面的语句就会执行。示例如下：

```
always @(c)                              //一旦 c 变化，就执行后续语句
begin
    e = c + 1'b1;
end
```

如果出现多个信号名称，可以用 or 或者“，”隔开，或直接使用“ * ”表示对 always 中所涉及的全部信号敏感，例如下列三行代码在正常使用时是等价的：

```
always @( A or B or C or D )
always @( A,B,C,D )
always @( * )
```

如果敏感事件列表中出现的信号名称带有边沿，则表示对信号沿敏感，称为边沿敏感，信号的边沿用 posedge(上升沿，从 0 到 1)和 negedge(下降沿，从 1 到 0)表示。一般地，敏感

列表使用边沿，则表示该代码描述的是时序逻辑电路，例如：

```
//例 7.3 上升沿触发的 D 触发器
always @ (posedge clock)
begin
  if(!reset)
    q = 0;
  else
    q = d;;
end
```

或者把 reset 的边沿也加入敏感列表，其余部分不变，则代码会变为一个带异步清零端的 D 触发器：

```
always @ (posedge clock or negedge reset)
```

如果仅有时钟信号边沿，那么 reset 就称为同步复位端，如果把 reset 也加入敏感列表，那么 reset 就称为异步复位端。例 7.3 中每个 clock 上升沿来临时才判断 reset 是否为零，若为零则进行输出清零，所以该 D 触发器具有同步清零端。敏感列表中如果包含 reset 的下降沿，则 reset 每次从 1 变为 0 值，always 结构都会被执行，所以是异步的清零效果。

注意，边沿敏感事件和电平敏感事件的用途是不同的：边沿敏感用于时序电路，电平敏感用于组合电路，这是一般遵循的代码习惯。另外，两种事件不要同时出现在敏感列表中，两种事件同时出现在敏感列表中是一种非常混乱的设计思路，软件会报错。

7.2 顺序块与并行块

always 结构中可以包含很多语句，为了做范围区分，可以使用 begin-end 来合成一个整体，就像例 7.3 一样。把多条语句用 begin 和 end 包含在一起，这种方式称为顺序块，表示内部包含的各条语句都是按顺序依次执行的，例如：

```
always @( * )
begin
   e = a + b;
   f = c + d;
   out = e * f;
end
```

代码中使用 begin 和 end 封装了三条语句，就像其他编程语言中的大括号一样，这三条语句依次执行，即 e 先获得 a 与 b 的和，然后 f 获得 c 与 d 的和，最后把 e 和 f 相乘并输出，这样也符合大多数编程语言的习惯。

除了顺序块之外，Verilog 还提供了并行块，用 fork-join 表示，例如：

```
always @( * )
fork
```

```
    e = a + b;
    f = c + d;
    out = e * f;
join
```

使用并行块,表示各条语句同时开始执行。但是,电路中并不能对并行处理做映射实现,如果要设计并行电路,需要在设计顶层做控制考量,而不是简单地用一个语法就能解决,因此在实际使用中,并行块出现的次数屈指可数。

7.3 if 语句

在 always 结构中可以使用多种语句来进行逻辑判断,if 语句就是其中的一种,可根据 if 后面的判断条件来决定是否执行对应的语句,也称为条件语句。

if 语句的关键字为 if...else,可以有三种类型,如下:

```
//第一类 if 语句,无 else
if(clock == 1)   q = d;                      //clock 为 1 时执行此语句
//第二类 if 语句,if 与 else 配对
if(sel == 1)
     out = A;                                //sel 为 1 时执行此语句
else
     out = B;                                //sel 不为 1 时执行此语句
//第三类 if 语句,多个分支,加入 else if
if(Sum >= 90)
    Total_C = Total _C + 1;                  //Sum 大于等于 90 时执行此语句
else if (Sum >= 60)
    Total_B = Total_B + 1;                   //Sum 大于等于 60 小于 90 时执行此语句
else
    Total_A = Total_A + 1;                   //其他情况执行此语句,即 Sum 小于 60
```

三种类型的 if 语句比较容易理解,也符合常用编程习惯。if 语句后面如果有多条语句要使用 begin-end 来合成一个顺序块,如果只有一条语句则可以不用 begin-end。除了注意分号的位置之外,还需要着重强调两个问题:

第一,if 语句可以嵌套使用,但嵌套时请注意对应逻辑关系,因为 else 会与最近的 if 配对,可以参考下例:

```
if(ctl = 3'b010)
  if(a > b)
      statement_1;
else
      statement_2;
```

虽然使用了对齐的方式想声明 else 和第一个 if 的对应关系,但遗憾的是,Verilog 不支持这种语法,编译软件会把 else 和第二个 if 配对,这样逻辑关系就混乱了。如果设计者希

望和第一个 if 配对，那就要添加括号来表示逻辑层次，即使用 begin-end，如下：

```
if(ctl = 3'b010)
begin
  if(a > b)
      statement_1;
end
else
      statement_2;
```

此外，else if 也可以用多个 if 嵌套来实现，例如：

```
if(Sum > = 90)
    Total_C = Total _C + 1;                        //Sum 大于等于 90 执行此语句
else                                               //Sum 小于 90 时
begin
    if (Sum >= 60)
        Total_B = Total_B + 1;                     //Sum 大于等于 60 小于 90 时执行此语句
    else
        Total_A = Total_A + 1;                     //其他情况执行此语句，即 Sum 小于 60
end
```

上述代码也可以很好地实现功能，但是嵌套层次过多时可能会对代码的理解有所阻碍。

第二，if 语句有逻辑优先级，此点尤其重要。if 的优先判断条件会对后续的门级电路产生直接的影响。在电路中，if 语句常常被映射为二选一选择器，所以多个逻辑判断时就会出现选择器的嵌套，从而影响整个电路。与最后实现电路相关的内容会在综合部分详细讨论，这里不详细解释。

7.4　case 语句

当判断条件很多时，用 if 语句写起来既烦琐又不容易理解，此时就可以使用 case 语句。case 语句中的关键字为 case、default、endcase，基本结构如下：

```
case(表达式)
分支 1: 语句 1;
分支 2: 语句 2;
...
default: 默认项;
endcase
```

case 语句也称多路分支语句，就是因为内部可以实现多个分支，比如要生成一个简易的运算控制，可以使用如下代码：

```
reg [1:0] control;
case(control)
```

```
    2'b00:out = a + b;
    2'b01:out = a - b;
    2'b10:out = a * b;
    2'b11:out = ~a;
    default:out = a ;
endcase
```

参考此代码来理解 case 的使用方法。case 关键字后面的括号内直接写出要判断的信号，而不像 if 语句一样写明判断条件。然后在每种分支的值后面接冒号来表示该分支下进行何种操作，例如当 control 为 00 时就执行 out＝a＋b，当 control 为 01 时就执行 out＝a－b，以此类推，一般 case 都会有一个 default 项，用来表示出现分支中不存在的情况时的对应输出结果。最后，注意要加 endcase 表示 case 语句结束。

与 if 语句类似，case 语句也有两个问题需要格外注意：

第一，case 语句中的每个分支条件必须不同，同时变量的位宽要严格相等，否则会引发逻辑混乱。所以在设计 case 语句的分支时必须考虑周全，避免两个分支条件都满足的情况发生，还要使用明确指定宽度的方式，避免使用“'d”等不指明宽度的分支条件。

第二，case 语句不需要 break。case 语句中分支的判断顺序是依次进行的，遇到满足条件的分支就会执行分支后面对应的语句，执行结束后会自动跳出 case 结构，即使没有遇到满足的条件，也会在最后的 default 部分跳出 case，所以不需要 break。同时也可以得知，case 语句在执行时也是有优先级顺序的，但作用在电路上，得到是一个多路选择器而不是多个二选一选择器，所以最终电路实现并不体现优先级。

case 语句与 if 语句结合也是常用方式，比如本章的例 7.2。case 语句还有两种判断方式：casez 和 casex，由于涉及 x 和 z 的讨论，此处不再介绍。

练习题

1. 使用 always 结构完成一个 8 位数据比较器并自行设计端口。
2. 分别使用 if 语句和 case 语句实现四选一数据选择器。
3. 根据下表，编写电路完成一个简易 ALU 的模块，端口、位宽等自拟。

控制信号	功　能	控制信号	功　能
000	a 与 b 相加	100	a 与 b 按位异或
001	a 与 b 相减	101	a 与 b 按位与
010	a 左移一位	110	a 按位取反
011	a 右移一位	111	b 按位取反

第8章

赋值语句与循环语句

第 7 章介绍了 always 结构的基本语法和常用语句，本章会继续介绍一些在 always 结构中使用的语法，包括两种赋值语句和四种循环语句，以及另一种 initial 结构，可以更好地帮助设计者完成 Verilog 模块和编写测试模块。

8.1 赋值语句

在 always 中使用的赋值语句有两种：阻塞赋值和非阻塞赋值。赋值语句的左端都必须是 reg 类型，这是语法的强制要求，所以 always 结构中所有语句的左端变量都必须是 reg 型，这是与 assign 语句不同的，请格外留意。

8.1.1 阻塞赋值语句

阻塞赋值语句使用“=”作为赋值标志，第 7 章出现的代码采用的都是这种赋值方式。阻塞赋值有如下特点：

- 顺序块中，一条阻塞赋值语句执行结束后，才能继续执行下一条阻塞赋值语句。
- 语句执行结束后，左侧值会立刻改变，前面语句赋值的结果可以被后面的语句使用。

阻塞赋值过程比较容易理解，如下例：

```
always @( * )
begin
   e = a + b;
   f = c + d;
   out = e * f;
end
```

在第 7 章已经解释过执行过程，这里不再重复。

8.1.2 非阻塞赋值语句

非阻塞复制语句使用“<=”作为赋值标志，其特点为：

- 同一时间点，前面语句的赋值不能立刻被后面的语句使用。
- 所有的赋值是在右侧运算完毕时统一完成的。

同样观察前例，仅把阻塞赋值修改为非阻塞赋值：

```
always @(posedge clock)
begin
   e <= a + b;
   f <= c + d;
   out <= e * f;
end
```

仿真过程中对于非阻塞赋值的处理方式是：先把右侧计算的结果存储在一个临时寄存器中（这个过程由仿真器完成，设计者并不知道），当所有语句的右侧计算完毕后，统一把存储在临时寄存器中的值赋给左侧。例如上述代码中，在 clock 的上升沿时触发 always 结构，会把 a 与 b 的和值计算出来，c 与 d 的和值计算出来，同时把 e 和 f 的乘积计算出来，此时所有待计算的语句都完成了，再把三个结果统一赋给左侧变量。

从执行过程可以看出，out 得到的赋值并不是最新的，因为此时得到的是旧的 e 和 f 的乘积，而新的 e 和 f 还没有得到赋值。可以看出，当前代码要完成的工作似乎与期望的有所差别，这主要是使用问题，因为非阻塞赋值是为了对时序电路建模而设置的。考虑非阻塞赋值的执行过程：先计算，再暂存，最后统一赋值。整个过程与组合电路加触发器的方式特别相似，而这是时序电路的基本组成方式，所以在使用两种赋值语句时，一定要注意使用方式。

8.1.3 两种赋值语句对比

顺序块和并行块，阻塞赋值和非阻塞赋值，这四种语法混在一起常常令初学者头痛。首先明确一点，并行块不使用在设计中，所以编写可综合代码时只会使用 begin-end 的顺序块。其次，阻塞赋值和非阻塞赋值都有各自的偏重，阻塞赋值其实更多是为了解决逻辑关系过多的情况，此时使用 assign 来做连续赋值不是不可以，只是不太方便编写和阅读，所以使用了 always 结构，加上 if 和 case 等判断语句，形成更复杂的逻辑关系。阻塞赋值在执行时的特点其实也与 assign 一样，得到了结果再继续向下传递，每一个新的数值都会引发后续信号的变化，所以阻塞赋值面向的是组合逻辑电路，参考下例：

```
//使用 always 加阻塞赋值完成 4 位全加器
reg [3:0] S;
reg COUT;
always @(X ,Y, CIN)
    {COUT,S} = X + Y + CIN;
//使用 assign 完成 4 位全加器
wire [3:0] S;
wire COUT;
assign  {COUT,S} = X + Y + CIN;
```

非阻塞赋值则更多偏向于时序逻辑电路，原因上文已经说明，所以使用非阻塞赋值时，往往会把边沿写在 always 的敏感事件列表中，例如下面一个移位寄存器的模块代码：

```
module shifter(q,q1,q2,q3,d,clock);
output q,q1,q2,q3;
input d,clock;
reg q,q1,q2,q3;

always @(posedge clock)
begin
  q<=q3;
  q3<=q2;
  q2<=q1;
  q1<=d;
end

endmodule
```

代码中当 clock 出现上升沿时触发 always 结构，把输入端 d 的值赋给 q1，把 q1 的原值赋给 q2，把 q2 的原值赋给 q3，把 q3 的原值赋给 q，完成一次移位操作，q 是串行输出端口，q 与 q3、q2、q1 一起作为并行输出端口。在这个代码中，描述了四次赋值，也就对应生成了四个触发器，并依次连接，构成了一个时序器件。

综上，对于初学者使用两种赋值语句，可以总结为如下两条：

- 组合逻辑电路，always 的敏感列表是电平信号(即只有变量名)，使用阻塞赋值；
- 时序逻辑电路，always 的敏感列表是边沿信号(即添加 posedge 或 negedge)，使用非阻塞赋值。

显然不能出现两种赋值语句混用或两种敏感列表混用的情况，这与设计目标不符，是一种混乱的设计思路。事实上，仿真软件对于代码的容忍度比较高，因为待仿真的代码不一定要综合成电路，所以仿真时如果出现了混用情况一般不会报错。但是，一旦进入综合流程，无论是对于 ASIC 设计的 DC 还是对于 FPGA 的配套软件，这种混用都会被报错。

8.2 initial 结构

在 Verilog 建模时，always 结构表示一直运行，此外还有一种 initial 结构，仅在仿真开始时被激活一次，执行一次该结构中的所有语句，然后不再运行。initial 结构是进行信号和变量初始化时常用的形式。使用示例如下：

```
initial   enable=1;                        //若仅包含一条语句时
```

或

```
initial                                    //若包含多条语句时
begin
  enable=1;
  reset=0;
end
```

initial 结构中还经常使用“#”延迟控制，生成连续变化的信号，可以参考下例：

```
initial
begin
       a = 0;b = 0;
  #15  a = 0;b = 1;
  #15  a = 1;b = 0;
  #15  a = 1;b = 1;
  #15  a = 0;b = 0;
end
```

上面的例子会生成如图 8-1 所示的波形，这样就会生成一组在指定时间变化的信号，用来作为输入信号，对待测的模块进行测试。

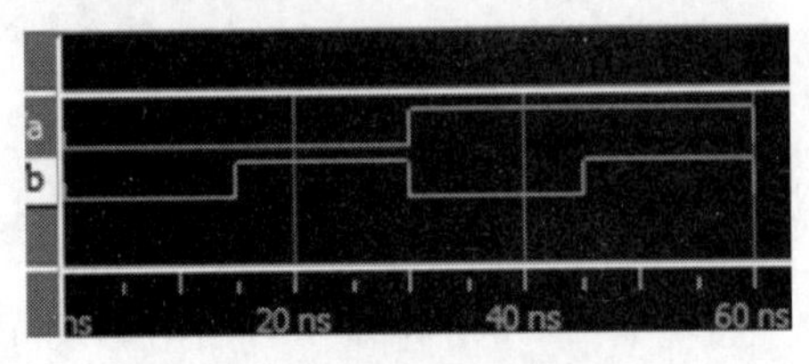

图 8-1 生成信号波形

如果代码中有多个 initial 结构，则会同时开始执行。在编写测试时经常会使用多个 initial 结构，在仿真开始时所有的信号都是未知值，若要产生有效输入，就需要赋予初始值，这都是由 initial 结构来完成的。在仿真过程中需要生成各种变化的信号，这些也可以由 initial 结构来生成，本书将在第 10 章大量使用 initial 结构。

8.3 循环语句

Verilog 中有四种类型的循环语句：while、for、repeat 和 forever，所有循环语句也必须放在 always 块(或 initial 块)中才符合语法要求。这些语句在可综合的模块中也不建议使用，但在测试模块中使用起来会更加灵活。

8.3.1 while 循环

while 循环使用关键字 while 表示。该语句的中止条件是 while 表达式的值为假，如果进入 while 判断时表达式已经为假，循环体就一次也不执行。如果 while 循环中有多条语句，则需要将 begin 和 end 封装成一块。while 循环的基本结构如下：

```
while (判断条件)
begin
   循环体语句;
end
```

一个 while 语句的使用范例如下：

```
reg [7:0] data;
while(data)
begin
   if(data[0])
       count = count + 1;
```

```
        data = data >> 1;
    end
```

该代码的功能是统计8位reg变量data中值为1的个数。while的判断条件是data,只有每一位值都是0时才认为是逻辑假,只要任何一位有1值都认为是逻辑真,等价于"data≠8'h0",所以该while的判断条件是data只要不为零,就执行下面循环体中的内容。

循环体中首先是if语句,判断data[0]是否为1,若为1则count做加一操作。接下来执行的data右移操作不属于if语句的分支,把data中每一个位的数据向低位移动(右移),再次进行while判断,直到整个data全变为0。这样就能统计出data中所有值为1的位的个数。

8.3.2　for循环

for循环使用关键字for,如果出现多条语句也要使用begin和end,基本结构如下:

```
for(初始化条件; 判断条件; 变量控制)
begin
    循环体语句
end
```

for循环的最大特点在于代码的简洁。初始化条件中将某个reg或integer型变量赋予初值,一般为0、1或最大值,根据判断条件不同而不同;判断条件中指明执行循环体所需的条件,与while中的判断条件一样;变量控制是对刚刚初始化的变量进行控制,可以是加减操作,也可以是移位等操作。8.3.1节中while循环的代码就可以使用for循环完成,如下:

```
reg [7:0] data;
reg [7:0] i;
for(i = data;i > 0;i = i >> 1)
begin
   if (i[0] == 1)
      count = count + 1;
end
```

对于for循环来说,i是此循环定义的变量,初始化时把temp值赋予i;作为与while的区分,判断条件中没有直接使用变量,而是使用了i>0,因为若i中有位值为1,则必然大于0,但最终跳出循环的结果与while是完全一致的;变量控制部分把i右移一位。循环体语句中与while一样,完成所有值为1的位数的统计。

8.3.3　repeat循环

repeat循环的功能是把循环体语句执行某些次数,其基本格式如下:

```
repeat (次数)
begin
    循环体语句
end
```

例如可以将 count 累加四次，如下：

```
reg [7:0] count;
initial
begin
count  = 0;
  repeat (4)
    count = count + 1;
end
```

repeat 循环可以重复许多操作，比如重复多个时钟沿，如下例：

```
repeat (8) @(posedge clock);
```

此代码执行时就会重复等待 8 个 clock 的上升沿，也就是等待 8 个时钟周期，在测试模块中经常配合时序来做信号赋值。

8.3.4 forever 循环

forever 循环表示永远循环，直到仿真结束为止，相当于判断条件永远为真。forever 的循环语句中需要添加时序控制，否则就会陷入死循环。比较常见的 forever 的用法是生成时钟信号，例如：

```
initial
begin
   clock = 0;
   forever #10 clock = ~clock;
end
```

作为对比，使用 always 生成的时钟信号如下：

```
initial clock = 0;
always #10 clock = ~clock;
```

两个代码的效果一样，都是生成周期为 20 个时间单位的 clock 信号，均可以在测试模块中，并无优劣之分。

练习题

1. 请设计一个 D 触发器，端口及功能自拟。

2. 尝试使用 for、while 和 repeat 来实现累加功能，把 8 个数据累加在一起，已知这 8 个数据分别存在 data[0]，data[1]，…，data[7]中，只完成功能部分即可。

第9章

任务与函数的使用

如果某些功能需要多次完成，可以写成子模块的形式做多次调用，但是显得灵活性不足，所以可以整理成任务或函数的形式，更方便后期的使用。在本章中，将对一些常见的任务和函数进行介绍，并给出编写任务和函数的语法格式。

9.1 任务

任务可以包含的语法很多，像延迟控制、事件控制等语法都可以出现在任务里。任务的声明格式如下：

```
task 任务名称;
input [宽度声明] 输入信号名;
output [宽度声明] 输出信号名;
inout [宽度声明] 双向信号名;
reg 任务所用变量声明;
begin
   任务包含的语句
end
endtask
```

可以看到，标准的任务格式其实与模块非常像，模块中的 module 和 endmodule 变成了 task 和 endtask，输入输出的声明都相似，主要差别在两个地方：端口列表和块语句之前的声明。任务中是没有端口列表的，所以在任务名后直接分号结束。在模块中顺序块 begin-end 之前会出现 always 或者 initial，但任务中没有，任务也不需要表示初始化或者总是执行等待这样的电路动作，因为任务只需要在被调用时完成就可以，被调用时即被触发，所以不需要 always 或 initial。

在 begin 和 end 中间可以出现第 7 章和第 8 章的各种语句，也可以调用任务或者函数，主旨是完成某个功能，例如以下代码：

```
//例 9.1  2-4 译码器的任务
task decoder2x4;
input A,B;
output  [3:0] Z;
begin
    case({A,B})
    2'b00:Z = 4'b1110;
    2'b01:Z = 4'b1101;
    2'b10:Z = 4'b1011;
    2'b11:Z = 4'b0111;
    default:Z = 4'b1111;
    endcase
end
endtask
```

也可以结合本章后面的系统任务，产生特定的输出信息，例如：

```
task error;
  $display("The result is error!");                //输出字符串,作为提示信息
endtask
```

任务定义编写好之后，可以很灵活地调用，其调用语法如下：

```
initial 或 always 结构中
begin
    任务名(信号对照列表);
end
```

比如想调用例 9.1 中的 2-4 译码器任务，就可以使用如下代码：

```
decoder2x4(a,b,zout);
```

信号对照列表的形式与模块中按顺序连接方式相似，由于没有端口列表，所以信号对照列表是按任务的端口声明部分顺序来排列的。在任务调用时也无须使用类似实例化的名称，直接写出任务名称即可调用，形式非常方便。

在调用任务时还需要注意，由于仿真工具是在计算机的软件中运行仿真，在调用任务时会分配给任务一个存储空间，且在一次仿真中该存储空间的地址不会发生变化，这就导致了任务多次调用时会反复读取相同地址空间的内容。如果任务中没有数据运算则无事，但如果任务中包含了数据的计算过程，那计算的结果就会被反复覆盖。所以若是出现了同一个任务被反复调用，则需要在声明任务时使用关键字 automatic，这样每次任务调用时都会分配单独的存储空间，以防数据的互相干扰。

```
tast automatic 任务名;                        //声明任务时添加 automatic 关键字
```

事实上，任务经常使用在测试模块中，用来整合各种测试情况并进行管理，而不是做电路的功能设计，第 10 章会结合实例来进一步学习任务的使用方法。

9.2　函数

函数与任务不同，任务其实没有太多的语法限制，但函数仅能编写组合逻辑，像一些时序控制的语法都不能出现在函数中。函数的声明格式如下：

```
function 返回值的类型和范围　函数名;
input [端口范围] 端口声明;
reg、integer 等变量声明;
begin
阻塞赋值语句
end
endfunction
```

这里特地显式地写出语句格式，必须是阻塞赋值方式，这也是函数的语法要求，由此可见其描述的电路形式。与任务相比，除关键字改为 function 和 endfunction，并且在 begin-end 中仅能使用阻塞赋值外，主要的差异在于计算结果的输出方式。从函数的声明格式中可以看出，函数并没有输出端口，不像任务或模块可以通过输出直接和外部连接。函数的计算结果，会通过函数名所表示的一个变量返回，参考下例：

```
function [7:0] ex1;        //定义 8 位宽度的 reg 类型变量 ex1
function ex2;              //没定义宽度,默认为 1 位宽度的 reg 类型变量 ex2
```

在函数声明时，就会直接生成一个与函数名相同的变量，可以是 reg 类型或 integer 类型，函数运算的结果必须通过这个变量交给外部，换言之，该变量名不仅是一个函数名称，还是一个可以传递数据的通道。正因如此，在函数的 begin-end 中间必须要出现对该变量的赋值，否则运算结果无法传递给该变量。

函数的输入端口也必须至少声明一个，观察如下的经典示例：

```
//例 9.2　阶乘函数
function integer factorial;                 //定义为整型 factorial,返回 32 位有符号数
input [3:0] a;                              //定义输入信号,4 位值
integer i;                                  //定义函数内部变量 i
begin
  factorial = 1;                            //进行阶乘运算,初始化
  for(i = 2;i <= a;i = i + 1)
      factorial = i * factorial;            //进行大于 2 以上的阶乘循环
end
endfunction                                 //函数结束
```

这个代码中函数的注意事项都得到了体现：定义返回值时声明为 integer 型；定义了 1 个 4 位宽的输入信号；定义了函数自身使用的内部变量 i；begin-end 块中使用阻塞赋值和 for 循环语句，并且有“factorial＝1”和“factorial＝i * factorial”两条对返回的整型信号 factorial 进行赋值的语句。

函数的调用也有对应的格式，如下：

```
待赋值变量 = 函数名称(信号对照列表);
```

例 9.2 的阶乘函数就可以采用如下方式进行调用：

```
result = factorial(data);
```

信号对照列表部分是按照函数内部声明的顺序出现的，这点与任务相同。但函数调用使用了赋值语句而任务不使用，这是因为任务有输出信号，可以产生类似 module 的连接，这样就不需要出现赋值语句，直接通过输出信号的连接就可以对任务所得的结果进行输出。函数没有直接定义的输出信号，也就不能按照任务的形式对函数所得的结果进行输出，而是通过一个返回值，采用把函数隐含定义的返回值赋给某个变量的形式来完成值的输出。

函数同样有 automatic 的关键字，使用情况与任务完全相同。现将任务和函数的区别整理于表 9-1 中，直观显示两者的差异。

表 9-1　任务与函数的比较

任务 task	函数 function
可以有任意个输入信号，或无输入	至少有 1 个输入信号
可以有任意个输出信号，或无输出	没有由 output 定义的输出信号
通过 output 与外界联系	通过定义的函数名变量与外界联系
内部可以声明变量，但不包含 wire 型	内部可以声明变量，但不包含 wire 型
begin...end 前没有 initial、always 结构	begin...end 前没有 initial、always 结构
begin...end 内部语句没有限制，只要满足语法要求即可	begin...end 内部只能使用阻塞赋值语句，且不能有任何与时间相关的语句
内部可以调用任务和函数	内部只能调用函数，不能调用任务
调用时直接使用即可	调用时需使用"＝"进行赋值

9.3　常见的系统任务和系统函数

除了自己编写任务和函数外，Verilog 还内建了一些系统任务和系统函数，以方便实现一些经常使用的基本功能，这些系统任务和系统函数都以 $ 符号开头，本节选择其中使用频率较高的一些来进行介绍。

9.3.1　显示输出任务

用于输出的系统任务很多，例如 $display、$write、$strobe 和 $monitor，使用比较频繁的有 $display 和 $monitor，一个用于单次的输出，一个用于多次的监控输出，但两者格式基本一致。

首先看$display任务，该任务使用的示例如下：

```
$dispaly("When A = %b and B = %b, the data_out = %b" , a,b,data);
```

其功能就是输出一段字符，并且可以在字符中显示某些变量的信息，用%指明这些变量显示的位置，如果当前的a为1，b为0，data为0010，这三个数值会显示在三个%b的位置，在仿真器的输出窗口中就会显示：

```
When A = 1 and B = 0, the data_out = 0010
```

在仿真测试模块中，该任务可以很方便地显式输出某些想观察的数值，并可以用任务做简要说明，使这些数值显示得更加有逻辑关系，相比仿真图的多条数据波形混杂在一起，这样的显式输出对观察者更加友好。

在$display任务中，双引号之间输入想要显示的文本信息，如果需要显示某个变量的信息，则以如下方式进行指明，并在双引号之后按顺序依次列出变量。因上例中使用了%b，所以显示的是二进制，如需其他显示形式可以输入对应的字符。

```
%b 或 %B                二进制
%o 或 %O                八进制
%d 或 %D                十进制
%h 或 %H                十六进制
%e 或 %E                实数
%c 或 %C                字符
%s 或 %S                字符串
%v 或 %V                信号强度
%t 或 %T                时间
%m 或 %M                层次实例
```

还有一些特殊的字符可以由下列方式输出：

```
\n                      换行
\t                      制表符
\\                      反斜线\
\"                      引号"
%%                      百分号%
```

当然，显示的信息可以全是文本信息而没有变量信息，这种方式也很常见，例如：

```
$display("Error!Bad result!!");                //作为提示信息显示
```

但是$display任务只能显示输出一次，如果需要多次输出，就需要写很多行，例如对3-8译码器进行测试时的测试模块，可以添加$display任务：

```
reg  G1,G2An,G2Bn;
reg  A,B,C;
wire  [7:0] Yn;
initial
begin
```

```
    {C,B,A} = 3'b000;
    {G1,G2An,G2Bn} = 3'b100;
    $dispaly("When CBA = %b %b %b, the decoder outputs = %b", C,B,A,Yn);
    #5 {C,B,A} = 3'b001;
    $dispaly("When CBA = %b %b %b, the decoder outputs = %b", C,B,A,Yn);
    #5 {C,B,A} = 3'b010;
    $dispaly("When CBA = %b %b %b, the decoder outputs = %b", C,B,A,Yn);
    ...
end
```

如此操作虽然可以达到目的，但是略显烦琐，此时就可以使用 $ monitor 作监控输出，只需要改变任务名即可，其余部分与 $ display 完全相同。不过 $ monitor 任务习惯单独列出，可参考下例：

```
initial
begin
    {C,B,A} = 3'b000;
    {G1,G2An,G2Bn} = 3'b100;
    #5 {C,B,A} = 3'b001;
    #5 {C,B,A} = 3'b010;
    ...
end

initial
    $monitor("When CBA = %b %b %b, the decoder outputs = %b", C,B,A,Yn);
```

$ monitor 任务在仿真开始时被执行，然后一直处于监视状态，当要显示的变量发生变化时就会执行一次，且每次变化都会执行，一直持续到仿真结束为止。所以当代码中的 C、B、A 和 Yn 任意一个发生变化时，都会输出与 $ display 一样的显示信息，适用于需要多次显示输出的情况。

还有一个系统任务 $ time 也经常与上述两个显示任务一起使用，例如：

```
$ monitor ($time,"When CBA = %b %b %b, the decoder outputs = %b", C,B,A,Yn);
```

该行代码执行时会在最前方显示该信号的仿真时间，可以更好地配合波形图来定位时间点，查看更多的仿真信息。

9.3.2 仿真控制任务 $ stop 和 $ finish

仿真控制任务 $ stop 和 $ finish 可以用来暂停和中止当前仿真。$ stop 的功能是停止当前仿真，注意是停止，而不是退出，仿真器会把仿真到该语句之前的仿真运行完，然后停止仿真，等待下一步命令，此时依然停留在仿真器的仿真界面中，一些仿真窗口(例如波形窗口等)依然保留着，仿真的结果也是保留的。

任务 $ finish 的功能则是停止仿真并退出仿真器，并退回到操作系统界面。这个任务虽然会退出仿真器并关闭所有窗口，但也是有其使用的特定场合。因为有些实验室的架构是以服务器为中心，仿真软件一般安装在服务器中，并拥有有限个数的 license，大家轮流使用仿真器，使用结束后立即释放使用权。一般大规模的代码仿真时间都很长，可以交由服务器来仿真，设计者不需要值守，这时使用 $ finish 就可以在仿真器运行完仿真后及时地关闭仿真器并释放 license，留给其他使用者，而仿真过程中所关注的结果可以用其他方式来记录和查看，一般会配套使用文件控制任务（见 9.3.4 节）或值变转储任务。

当然，如果设计者是在自己的计算机上完成仿真而且代码规模较小时，一般都是使用 $ stop 任务作为仿真结束的标志语句，然后根据仿真窗口来查看仿真结果的。

9.3.3　随机函数

随机函数可以为设计者提供随机数作为仿真输入信号使用，因为在很多情况下，设计者需要一个随机的数值来证明模块在任意情况下都能正常工作，或者需要列出的输入组合太多，手工编写太耗时。此外，有时设计者往往会受设计模块的功能诱导，可能不会想到某些特殊情况，这时利用随机函数可以暴露出一些不规律的输入时可能存在的问题。随机函数的语法形式如下：

```
$ random(seed);
```

这里的 seed 是随机函数用来生成随机数的种子，不同的种子会生成不同的随机数，这些生成的随机数是一个 32 位有符号的整型数值。种子部分可以不使用，这样生成的随机数都是一样的，改种子的值就会生成不同的随机数。如果要使用种子，必须在使用前事先声明该值，可以声明为 reg、integer 等类型，如下例：

```
integer i;
reg [7:0] memory [0:255];                     //定义一个二维数组,用作存储阵列
initial
begin
  i = 0;
  repeat(256)
  begin
    memory[i] = $ random;
    i = i + 1;
  end
end
```

这段代码首先使用了一个二维数组，使用方式是在原有的 reg 声明后面增加一个数组大小，这也是 Verilog 对存储器阵列进行建模的方法，标准的格式如下：

```
reg [位宽 - 1:0] 存储器名称 [0:存储阵列大小 - 1];
```

所以示例的代码中建立了一个包含 256 个存储单元，每个存储单元位宽是 8 位的存储器，然后使用 $ random 函数给存储器赋予随机的初始值。虽然随机函数得到的是 32 位值，但可以根据变量宽度截取低位，所以直接赋值即可，有时也可以使用取模操作，例如：

```
memory[i] = $ random % 256;                    //取模,得到一个 0～255 的数值
```

由于 $ random 本质是一个伪随机数，是软件计算所得，所以同样的种子值会得到同样的随机数，如果一个代码中使用到多个随机函数，需要给这些函数分配不同的种子值，这样才能得到不同的随机数。

最后提醒一点，$ random 是一个函数，所以必须遵循函数调用的语法，使用赋值语句来接收函数的返回值。

9.3.4 文件控制任务

文件控制相关的任务有很多个，介绍起来比较啰唆，这里通过一个比较完整的例子来说明完整的使用过程，使用时直接参考修改即可，如下例：

```
integer hand1,hand2;                                    //定义两个文件指针

initial
begin
  hand1 = $ fopen("out1.txt");                          //指向一个文件 out1.txt
  hand2 = $ fopen("out2.txt");                          //指向另一个文件 out2.txt
  {C,B,A} = 3'b000;
  {G1,G2An,G2Bn} = 3'b100;
  $ fdisplay(hand1,"When CBA =  %b %b %b, the decoder outputs =  %b" , C,B,A,Yn);
                                                        //显示相应信息,并输入 hand1 指向的文件中
  #5 {C,B,A} = 3'b001;
  $ fdisplay (hand1,"When CBA =  %b %b %b, the decoder outputs =  %b" , C,B,A,Yn);  //同上
  #5 {C,B,A} = 3'b010;
  $ fdisplay (hand1,"When CBA =  %b %b %b, the decoder outputs =  %b" , C,B,A,Yn);  //同上
    ...
  #5 $ fclose(hand1);                                   //关闭 hand1 指向的文件
     $ fclose(hand2);                                   //关闭 hand2 指向的文件
  $ finish;
end

initial
begin
  $ fmonitor(hand2,"When CBA =  %b %b %b, the decoder outputs =  %b" , C,B,A,Yn);
                                                        //显示相应信息,并输入 hand2 指向的文件中
end
```

该段代码首先定义两个整型变量 hand1 和 hand2，作为文件指针来使用，然后把文件指向两个文件“out1.txt”和“out2.txt”，之后进行正常的仿真，对于仿真的前三组变化的变量，每次都采用 $ fdisplay 任务把运行结果记录到 hand1 所对应的文件“out1.txt”中，之后的数据不再记录，最后关闭这两个文件并退出仿真器。与此同时，另一个 initial 结构中采用 $ fmonitor 来时刻监控变量的变化情况，同时记录到 hand2 所对应的文件“out2.txt”中。运行仿真后，两个文件中就会记录各自的输出信息。

9.3.5 存储器读取任务

当设计模块中有存储器时往往需要对存储器进行初始化，除了使用随机函数 $ random

外，还可以使用 $readmemb 或 $readmemh 把文件中记录的数值读入存储器中。$readmemb 要求文件中必须是二进制数值，$readmemh 要求文件中必须是十六进制数值。其语法结构如下：

```
$readmemb("文件名称",存储器名);
```

现有一个文件"mem.dat"，内部包含如下数据：

```
0000_0001 0000_0011

@4                                          //这是一个存储器地址
0000_1001 0000_1011
0000_1101 0000_1111
```

欲读入存储器的文件内容必须是数值形式，且统一为二进制或十六进制，每个数值之间以空格隔开。除了数值外，还可以用@来指定地址，以十六进制给出，例如@4 表示之后的数据是从地址 4 开始的。地址默认从 0 开始，这样以存储器读取数据时，前两个数值就会读进地址 0 和 1，后面的数值会从地址 4 开始，地址 2 和 3 没有数据，故数值为默认值 x，在地址 4、5、6、7 之后没有数值，所以如果存储器中存储单元的地址超过了 7，后面的单元就不会得到赋值。现在利用下面的代码把文件"mem.dat"中的数据读入存储器中：

```
reg [7:0] memory [0:9];
integer i = 0;

initial
begin
  $readmemb("mem.dat",memory);                           //读入存储文件
  repeat(10)                                             //重复十次
  begin
    $display("memory[ %h ] =  %d",i,memory[i]);          //输出 memory 中的内容
    i = i + 1;
  end
end
```

代码中定义了一个包含 10 个存储单元，每个存储字长为 8 位的存储器，从"mem.dat"中读取了数据，然后循环十次显示出存储器中的数据，注意显示时把数据显示成为十进制，运行该段代码可以得到如下仿真输出：

```
# memory [ 0 ] = 1
# memory [ 1 ] = 3
# memory [ 2 ] = x
# memory [ 3 ] = x
# memory [ 4 ] = 9
# memory [ 5 ] = 11
# memory [ 6 ] = 13
```

```
# memory [ 7 ]= 15
# memory [ 8 ]= x
# memory [ 9 ]= x
```

可以看到存储器中地址为2和3的单元没有数据，地址为8和9的单元也没有数据，其他部分的数据显示完全符合之前介绍的语法说明。

除了整体读入数据外，还可以部分读入数据，使用方式有如下两种：

```
$readmemb("文件名称",存储器名,起始地址);
$readmemh("文件名称",存储器名,起始地址,结束地址);
```

例如：

```
$readmemb("mem.dat",memory,3);      //文件中的数据会从memory的地址3开始依次赋值
$readmemh("mem.dat",memory,3,6);    //文件中的数据会依次对memory的地址3～6进行赋值
```

这两种方式中都是指定了存储器实际要存储数据的范围，但权限没有文件内的地址高，也就是文件中如果指定了地址，将会以文件为准。

练习题

1. 下面语句的输出结果是什么？

(1) temp1= 4'd14 ;

$display ("The value of temp1 = %b\n",temp1[2:0]) ;

(2) temp2= 256 ;

$display ("The memory size is %h", temp2) ;

2. 使用任务形式完成一个乘法器，输入两个4位宽的数据，延迟5ns后将乘法结果右移一位输出。

3. 设计一个偶校验函数，输入信号宽度16位。(偶校验即判断输入数据的1是否为偶数，如果是偶数，则得到校验位0，如果是奇数，则得到校验位1)

第10章

测试模块的编写

测试模块的功能是检查设计模块的功能是否正确，为了达到这个目的，需要给设计模块加上一定的输入信号，来观察输出信号的变化，就像之前的部分练习一样。本章会完整地介绍测试模块的结构，并对各部分的编写进行实例讲解。

10.1 测试模块的结构

测试模块也称为测试平台（testbench），它的功能就是产生一些激励信号，施加到待测的设计模块上，然后观察在这些激励信号作用下模块的响应输出结果并分析正确性。一个完整测试模块的基本结构如图 10-1 所示。

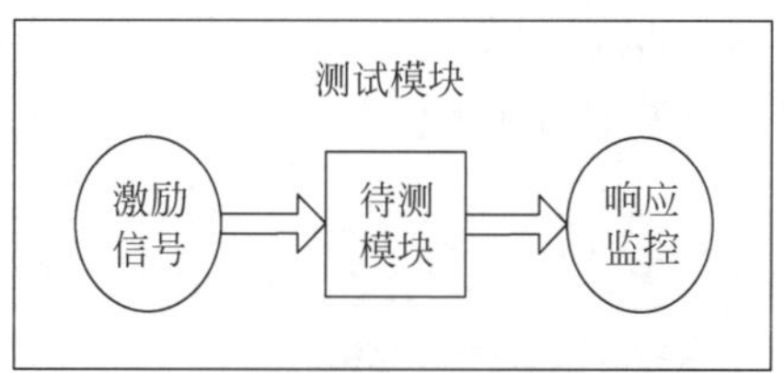

图 10-1 测试模块结构

实际工作中要测试某个电路器件的功能，首先必须挑选一个待测试的电路器件，然后在工作台上接入一定的信号，例如电压源之类，把这些信号施加到电路器件上，最后通过一些仪器仪表显示的电压或电流信号来判断该器件是否正常工作。测试模块也是同样道理，首先应该有待测模块（design under test）的调用，也就是待验证的设计模块，实例化测试模块后，需要产生待测模块的输入信号，这些输入信号要满足一定的功能要求，也被称为激励信号或测试信号。激励信号要尽量产生所有可能出现的信号组合，来验证待测模块是否能在任何情况下都正常工作。把激励信号输入给待测模块，待测模块就会按其代码定义的功能产生输出，这些输出信号称为响应信号，观察响应信号便可判断电路是否正确完成了功能。响应信号的观察方法有很多，例如通过波形图显示，或者通过系统任务输出显示信息，都属于监控响应信号的方法。

一个测试模块至少应该具有以上三个结构。这三个结构对应在代码中，就分别是模块实例化、信号的产生和控制、响应监控三个部分。模块实例化的语法不再赘述，本章主要介绍信号的产生、控制以及如何进行响应监测。

10.2 编译指令

Verilog 中提供了编译指令，使程序在仿真前能够通过这些特殊的命令进行预处理，然后再开始仿真。编译指令的标志是"`"符号，有效作用范围是整个文件，本节中仅选择使用频率较高的几个进行介绍。

10.2.1 `define

宏定义采用`define 来进行指定，把某个指定的标识符用来代表一个字符串，整个标识符在整个文件中都表示所指代的字符串，其语法结构如下：

```
`define  标识符  字符串
```

例如，可以使用如下方式来定义信号的位宽：

```
`define WIDTH 32                          //注意句末无分号
```

这样在文件中如果再出现 WIDTH 就表示 32 这个数值，使用时也要添加"`"符号，如下例：

```
input [`WIDTH - 1:0] data_in;             //定义 32 位宽的输入信号
```

如果需要改变信号的宽度，可以直接在文件开头修改`define 定义的数值，非常适用于做全文的修改。

如果不想让宏定义生效，可以使用`undef 指令取消前面定义的宏。

```
`define WIDTH 16
...
wire [`WIDTH - 1:0] bus;
...
`undef WIDTH                              //此条语句之后,WIDTH 失效
reg[`WIDTH - 1:0] data;                   //报错,因为宏定义已经取消
```

宏定义中的标识符虽然没有额外的语法要求，但一般都会使用大写字母，这也是一种约定俗成的编码风格，就像宽度范围从 0 开始定义，标识符一般写成有意义的字符来方便阅读，这些都是推荐的编码风格，初学者要按照这些风格来编写代码。此外，宏定义也都习惯在文件的开头位置集中列出，如果宏定义过多且多个文件都需要使用，则可以单独列成一个宏定义文件，在每个文件中引用此宏定义文件即可。

10.2.2 `include

本编译指令的功能是引用文件，可以在本文件中指定包含另外一个文件的全部内容，相

当于把两个文件都放在了一个文件中，其语法形式如下：

```
`include  "文件名"
```

文件包含命令是很有用的，可以大大简化设计者的模块设计。例如10.2.1节中的宏定义文件就可以使用`include来引用。

此外对于较大规模的电路设计，设计组和测试组是分开的，设计者编写了一个功能模块，存放在自己的工作路径下，测试组的测试文件也会存放在自己的工作路径下，这两个工作路径不会相同，如果想要进行仿真测试，就需要使用`include指令，具体的过程参考下例：

```
//以下模块存放在/work/rtl路径下，文件名为conv.v
module conv(conv_out,conv_in,clock);
...                                         //功能定义
endmodule

//以下模块存放在/work/simulation文件夹中
`include "/work/rtl/conv.v"                 //需要指明路径
module test;
//定义变量和测试信号
conv conv_u1(conv_out,conv_in,clock);       //实例化调用
endmodule
```

本代码使用`include给出了文件的相对路径，可以使用绝对路径，如果使用ModelSim或其他一些仿真软件的工程模式，工具软件就会代替使用者来关联这些文件，当然，如果仿真软件改变了，这种关联性也就丧失了。其实文件管理也是一个值得注意的问题，但本书不再详述。

10.2.3　`timescale

时间刻度指令用来说明模块工作的时间单位和时间精度，其基本语句形式如下：

```
`timescale  时间单位/时间精度
```

时间单位和时间精度可以以秒(s)、毫秒(ms)、纳秒(ns)、皮秒(ps)或飞秒(fs)作为度量，具体数值可以选择1、10或100，例如：

```
`timescale 10ns/1ns
```

此句就定义了当前模块中的仿真时间单位是10ns，仿真时间精度是1ns，语法上要求时间精度必须小于等于时间单位，前面的数值要大于等于后面的数值。

测试模块中经常使用#号延迟来生成信号，例如：

```
`timescale 10ns/1ns
...
initial
begin
   A = 0;B = 0;                     //初始值
   #4 A = 1;                        //4 时间单位后，即 40ns 后
```

```
    #5 B = 1;                        //5 时间单位后,即 50ns 后
    #6 A = 0;                        //6 时间单位后,即 60ns 后
    #7 $ stop;                       //7 时间单位后,即 70ns 后,顺序执行,需要累加
end
```

该代码可以得到如图 10-2 所示的波形,具体时间可以从最下方的时间轴中读出。

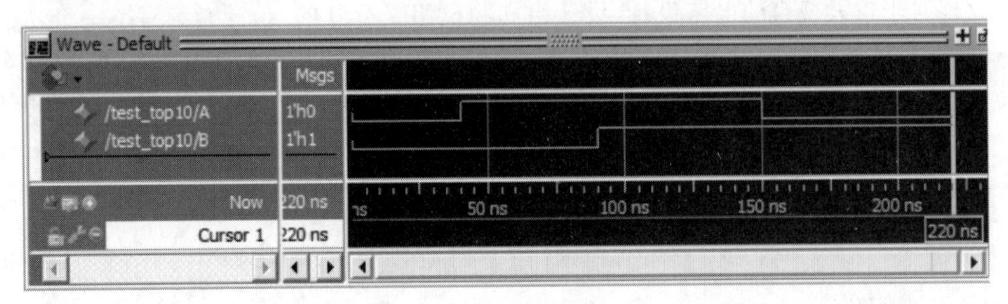

图 10-2　仿真信号

同时运行结束后可以在输出窗口中看到显示信息,在 220ns 结束,与波形对应。

```
# ** Note: $ stop    : C:/modeltech64_10.4/examples/book/chapter10.v(12)
#     Time: 220 ns   Iteration: 0   Instance: /test_top10
# Break in Module test_top10 at
    C:/modeltech64_10.4/examples/book/chapter10.v line 12
```

10.2.4　`ifdef、`else 和 `endif

这三个指令的功能是进行条件编译,即满足一定情况时才进行编译,就像 if 语句在编译指令中的变形形式,一般适用于测试同一项目的不同情况。参考下例:

```
`ifdef  TEST1                     //在标志位为 TEST1 的情况下执行下列语句
`define  width  16
`define  height  32
`else                             //若非 TEST1 的情况下执行下列语句
//重新定义了一系列参数,适应新的仿真情况
`define  width  32
`define  height  64
`endif                            //终止
```

这段代码中进行了宏定义,然后根据标志 TEST1 的情况切换两组宏定义。不仅是宏定义,模块、任务、函数等大多数语法都可以支持该语法。

10.3　激励信号的设计

激励信号可以简单分为两种:用于时序电路的时钟和复位信号,用于测试功能的测试向量输入信号。如果是组合逻辑电路,则只提供测试向量即可。

10.3.1　时钟与复位

时钟信号是时序电路所必需的信号之一，该信号可以由多种方式产生。例如之前曾经使用 initial 和 always 两个结构共同生成 clock 信号，代码如下：

```
reg clock;
initial
  clock = 0;
always
   #5 clock = ~clock;                    //时钟周期为 10 个时间单位
```

还可以使用 forever 语句编写时钟信号，参考如下代码：

```
initial
begin
  clock = 0;
  forever
     #5 clock = ~clock;                  //时钟周期为 10 个时间单位,每五个时间单位翻转一次
end
```

以上两种形式比较常用，都是生成占空比为 50%的时钟信号，也可以使用如下代码生成占空比不为 50%的信号。

```
reg clock;
always
begin
  #(时间 1) clock = 0;                   //时间 1 写的是 clock 为 1 的持续时间
  #(时间 2) clock = 1;                   //时间 2 写的是 clock 为 0 的持续时间
end
```

注意上述注释没有写反。使用时直接按所需周期时间和占空比折算后添入括号位置即可，感觉写反的读者观察波形即可弄清。

复位信号也是时序电路经常使用的一个信号，多数情况下命名为 reset 或 rst 信号。由于时序电路一般都通过设置复位端将电路回归到初始状态，所以为了保证时序电路的工作正确，仿真开始时都会给电路一个复位信号使其完成初始化。复位信号使用到的次数很少，只在开始或特定复位情况下使用，可以使用 initial 语句对复位信号做最简单的赋值，参考如下代码：

```
reg reset;
initial
begin
  reset = 1'b1;
  #20 reset = 1'b0;
  #20 reset = 1'b1;                      //形成 20ns 的低电平复位信号
end
```

如果需要配合时钟信号，可以参考如下代码：

```
reg reset;
initial
begin
  reset = 1'b1;                           //初始值为 0
  wait(clock == 1'b1);                    //等待 clock 变为 1
  @(negedge clock);                       //捕捉 clock 的下降沿
  reset = 1'b0;                           //reset 变为 0
  repeat (5)   @(negedge clock);          //重复 5 个下降沿，即等待 5 个周期
  reset = 1'b1;                           //reset 恢复为 1
end
```

代码中使用了 wait 语句，也是电平敏感的时序控制语句，如代码中的 wait(clock==1'b1)就是等待 clock 出现电平为 1。所以 reset 会在开始时赋值为 0，然后等待到 clock 信号变为 1 时继续向下执行，接下来的@(negedge clock)是要等到 clock 的下一个下降沿，然后把 reset 变为 0，产生复位信号，随后检测五个 clock 的下降沿，reset 复位回 1，整个信号结束。此代码无论时钟周期如何变化，都会生成占 5 个时钟周期宽度的复位信号。

时钟信号和复位信号的声明方式基本没太多变化，使用时直接复制上述代码并稍加修改即可使用。

10.3.2 测试向量

测试向量就是给模块提供有效的输入信号，常见的测试向量生成方式有三种，第一种是由设计者直接给出，例如生成两个 3 位信号 X 和 Y，就可以使用如下代码：

```
initial
begin
  X = 3'b000;Y = 3'b000;
   #10 X = 3'b000;Y = 3'b001;             //Y 依次增加
     ...
   #10 X = 3'b001;Y = 4'b000;             //X 也随之依次增加
     ...
   #10 X = 4'b111;Y = 4'b111;             //增至最大数值
   #10 ;
end
```

由于测试模块是测试所有的可能性，所以理想情况当然是所有信号都测试一遍。当然如果信号过多，这样依次罗列所有的可能性，需要消耗的组合会随着信号宽度的增加呈指数增长，此时如果需要，可以使用第二种方式，使用 $random 函数来生成。

```
integer seed1,seed2;
initial
  seed1 = 1;seed2 = 2;                    //种子初始化，使随机数不同

always
```

```
begin
  #10 X = ( $random(seed1) % 8);                //每隔 10 个时间单位生成一组随机值
      Y = ( $random(seed2) % 8);
end
```

但事实上，在大型设计中不可能列出所有的可能，更多的是对所有功能做测试验证，而不是列出全部可能的组合，这也是所谓功能验证的目的。例如一个加法器，只需要验证有无进位输入、有无进位输出四种可能，就基本可以断定功能无误。这些功能往往已经由其他工作小组使用高级语言验证，并得到了所需的测试向量，这些向量一般会被维护成一个文件形式，这时就可以使用 $readmemb 任务从文件中读取所需数值，这也是测试向量生成的第三种方式。例如，在一个名为“vector.txt”的文本文档中包含测试向量的数据，此时使用 $readmemb 把“vector.txt”中的数值读到存储器中，利用这个存储器为输入信号赋值，示例如下：

```
reg [5:0] mem[0:63];                           //定义存储器
integer i = 0;

initial
    $readmemb("vector.txt",mem);               //读入数值

always
begin
  #10  {X,Y} = mem[i];                         //mem[i]进行赋值
  i = i + 1;                                   //i 增加,指向下一组测试向量
end
```

利用此代码就可以把文件中的测试向量读取并送至输入端，这种测试向量和测试模块相分离的方式比较容易维护，测试模块的编写者只需要保留一个和外界文件的接口，主要精力留在测试模块的搭建上，至于测试向量则由其他人员来提供，只要格式正确即可。

10.4　信号的控制

对于信号的控制部分，本节介绍两种常见的形式：强制赋值和事件。仿真中有时需要对一些中间模块的输出值进行修改，使之出现一些特殊的情况来针对性地进行仿真，此时就可以使用 force 和 release 进行强制赋值，再配合层次名可以指向任意需要强制赋值的信号。参考如下代码：

```
reg A;
wire B;

initial wait(reset == 0)
begin
```

```
    @(posedge clock);
    force A = 1;                         //也可以更改为层次命名,指向任意信号
    force B = 1;
    @(posedge reset);
    release A;
    release B;
  end
```

该代码定义了 reg 型的 A 和 wire 型的 B,force 是强制赋值,release 是释放强制赋值。代码中 force 部分将 A 和 B 赋值为 1,在 force 生效期间,所有的外界信号都无法改变 A 和 B 的输出值。等待 reset 的上升沿之后释放强制赋值,释放之后寄存器 A 会维持强制赋值的值,直到该寄存器被其他信号改变,而线网 B 会恢复成强制赋值之前的值。

命名事件是另外一种产生控制信号的方法。命名事件采用 event 作为关键字,例如:

```
event edge;
```

命名事件可以被执行或触发,使用"->"符号表示执行。该事件也会被@视为触发事件,示例如下:

```
event case_one;                       //定义事件

always @( * )
begin
    ...
  if(condition)
    -> case_one;                      //条件满足,则激活事件
end

always @(case_one)                    //该事件可被@检测,并触发 always 结构,执行后续语句
//加入欲执行的各条语句
```

把上述代码形式稍作修改,就可以使用在测试模块的其他位置,当某些特殊情况发生时,可以激活某些事件并有针对性地做信号调整。

10.5 响应监控

响应监控的最简单形式就是使用仿真器的波形窗口直接查看波形,直观性是波形的优点也是缺点,因为在一段长时间的仿真后,波形中哪些位置的信号是正确的,哪些位置的信号是错误的,这些问题并不是一眼就能看到的,需要仔细分析。如果是作为练习或实验的响应监控方式来使用,由于功能一般都比较简单,查看仿真波形就能够达到目的,但如果是正式的设计或大规模的设计,这种响应监控方式就会比较吃力。

可以采用指定输出期望值的方法来辅助监控,这种方法的基础是要有一套输入信号和理想的输出信号值。在 10.3 节中曾经提到,可以由高级语言生成测试向量,其实同时也会

得到这些测试向量的理想输出结果，这些数据保存到一个文件里。在仿真过程中，设计者可以直接调用这些被认可的测试向量，把仿真得到的结果和文件中已保存的结果进行比较即可验明正误，这样的向量工程中一般称为黄金向量。

这里拓展 10.3 节中的例子，简单修改如下：

```
reg [11:0] mem[0:63];                                   //定义存储器
reg [11:0] temp;
reg  [5:0]    result_ref,result;                        //存放输出参考值
integer i = 0;

initial
    $ readmemb("vector.txt",mem);                       //读入数值

always
begin
  #10  temp = mem[i];                                   //mem[i]进行赋值
  {X,Y} = temp[11:6];                                   //截取输入值
  result_ref = temp[5:0];                               //截取输出参考
  i = i + 1;                                            //i 增加,指向下一组测试向量
end

mult  mult_u1(X,Y,result);                              //正常调用乘法器,输出仿真结果
```

此段代码运行仿真之后，将 result 和 result_ref 一起添加到波形窗口中，两值对比，可以方便地查看到输出的仿真结果是否与参考输出值相同。

如果觉得查看波形烦琐，也可以使用一些之前的语法，来帮助设计者直接判断信号不同的位置，可添加如下参考代码：

```
always @( * )
begin
  if(result != result_ref)
    $ display( $ time,"The result is wrong, right result = %b,          //长句,换行
                      but current result = %b !", result_ref, result);
end
```

这段代码的功能是在每次值改变时都判断输出结果和参考结果是否相同，可以省去对照波形的时间，相对省时省力。如果遇到错误，直接会在显示窗口中输出相应信息。

对于大型仿真，也可以打开一个日志文件，把错误信息记录到日志文件中，便于以后的分析和整理，使用文件控制任务即可。

10.6　任务的使用

在测试模块中，常常使用任务来封装某些欲测试的功能，此时任务的形式并不像第 9 章所述的那样规整，本节通过一个示例来说明这种情况的使用方法。

```
module adder4(a,b,cin,sum,cout);                    //设计模块，定义一个 4 位全加器
input [3:0] a,b;                                    //a 和 b 是 4 位输入
input cin;                                          //cin 是进位输入
output  cout;                                       //cout 是进位输出
output  [3:0] sum;                                  //sum 是 4 位和值
assign {cout,sum} = a + b + cin;
endmodule

module test_adder4;                                 //测试模块
reg  [3:0] a,b;
reg  cin;
wire cout;
wire [3:0] sum;

initial
begin
    task_case1;                                     //任务 1,测试无进位输入,有进位输出的情况
    task_case2;                                     //任务 2,测试有进位输入,无进位输出的情况
    ...                                             //其他情况,可依次列出
end

adder4 myadder4(a,b,cin,sum,cout);                  //实例化

task task_case1;                                    //任务,设计无进位输入,有进位输出的情况
reg xxx;                                            //如需要,可以设置临时变量
begin
    $ display ("\n\n The test_case1 start! \n\n");               //提示任务开始
    a = 4'd6;b = 4'd11;cin = 1'b0;                               //给出输入组合
    if(xxx)                                                      //判断与参考输出是否相符
        $ display ("\n\n The test_case1 is right! \n\n");        //显示成功信息
    else
        $ display ("\n\n The result of test_case1 is BAD! \n\n"); //报错
end
endtask

task task_case2;                                    //同上,设计有进位输入,无进位输出的情况
reg xxx
begin
    $ display ("\n\n The test_case2 start! \n\n");               //提示任务开始
    a = 4'd6;b = 4'd5;cin = 1'b1;                                //给出输入组合
    if(xxx)                                                      //判断与参考输出是否相符
        $ display ("\n\n The test_case2 is right! \n\n");        //显示成功信息
    else
        $ display ("\n\n The result of test_case2 is BAD! \n\n"); //报错
end
endtask
//可继续添加其他任务

endmodule
```

可以注意到，代码中的任务并没有通过输入输出来传递，而是直接改变顶层 test_adder4 模块下已经定义好的变量 a、b、cin 等来完成对输入信号的改变，同时添加了判断和显示输出，参考值的来源与 10.5 节相同所以没有再次给出。由于每一个任务只是对某种情况进行了测试，所以单独编写即可，互相之间没有干扰，最后可以在测试部分依次调用这些任务，就能判断功能是否正确。如果不需要测试一些特定情况，直接删除或注释掉调用语句即可，使用非常方便灵活，这也是任务的优点所在。

第11章

综合的概念及相关

使用 Verilog 编写代码最终要实现两种文件：设计文件和测试文件。设计文件与最终的电路息息相关，需要通过逻辑综合来生成后续步骤所需的门级网表，所以使用的语法和代码风格会对最终的电路产生一定的影响。本章中介绍逻辑综合的基本概念，并对涉及的相关知识做进一步阐述。

11.1 逻辑综合过程

简单来说，逻辑综合就是把编写好的 Verilog 代码根据现有的工艺库转化为门级网表的过程，综合之前需要准备 Verilog 代码和工艺库文件，综合过程需要使用综合工具，综合之后得到门级网表和时序信息，整个过程如图 11-1 所示。

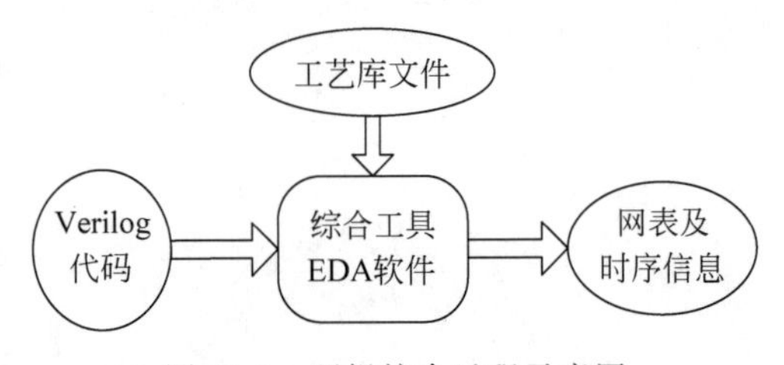

图 11-1 逻辑综合过程示意图

逻辑综合用的 EDA 软件一般是由几家大公司来开发的，例如第 1 章中介绍过的 Synopsis 公司和 Cadence 公司，EDA 软件的更新一般与工艺库分离，偏重于考虑从 Verilog 代码到门级网表的转化方法等问题。工艺库文件也是由 EDA 软件公司提供的，可以根据不同的工艺水平来配置一些基本的电路参数，也是为了与后续的流程配合。工艺库文件中会包含很多基本逻辑单元的定义和信息，例如所有的基本逻辑门(与或非逻辑等)、一些常用的功能电路(加法器、乘法器等)和特有的一些优势电路(支持一些特殊功能等)。

当 Verilog 代码编写完成之后，用 EDA 软件做逻辑综合，就能把用 if-else 以及 case 语句等完成的代码转成门级网表。从之前的程序可以看出，使用 always 编写的代码可以很容易看出逻辑功能，但无法直接联想到具体的实现电路，逻辑综合就是完成这个步骤，也正是有了逻辑综合，设计者才只需要关心功能而不用考虑具体的电路。

例如编写一个一位的加法，代码中写的是“c=a+b”，综合之后就会变成两个与门、一个或门和两个异或门连接成的电路,然后结合工艺库文件,调出该工艺库中是如何实现与门、或门和异或门的,这样得到的就是在该工艺库下一个加法的实现电路。其他的语句实现方式也是类似的。

综合过程的作用其实远不只转化网表和调用工艺库这两项,例如可以通过改变电路结构来调整时钟周期或者面积,以适应不同的应用场景。但对于初学 Verilog 的人来说,这些暂时还比较遥远,所以只需要知道设计者写出的 Verilog HDL 代码后,经过称为综合的工序之后,就会得到能最终实现的电路结构(门级网表),这个电路结构与设计者所写的 Verilog HDL 代码是有一定关系的,这样就足够了。

11.2　时序信息的声明

正常的电路在工作时需要通过充电和放电来升高和降低电压值,从而达到数字逻辑中的 1 值和 0 值,而充放电是消耗时间的,所以实际电路运行时并不是输入端加入激励、输出端立刻得到运算输出。事实上,不考虑时间的仿真都称为功能仿真,得益于 EDA 工具的日益强大,在不要求时间的情况下,代码仿真正确则最终电路功能一般不会有什么问题。

在逻辑综合或布局绕线之后会得到时序信息,如果把这些时序信息加入仿真,得到的仿真结果会更加接近实际电路工作的情景,称为时序仿真。逻辑综合后会得到代码所对应电路的最大主频,也是根据这些时序信息计算得来的。

其实时序信息在设计时并不需要考虑,或者说,在不考虑时间性能的前提下,设计代码肯定能被实现。但延迟信息的声明也是 Verilog 语法的一部分,为了保证知识的完整性,本节介绍最常用的传输延迟声明和惯性延迟声明。

传输延迟是在信号传输过程中需要消耗的时间,也就是从导线的一端传到另一端所需的时间,该延迟的定义方式如下:

```
reg a,b;
always @(b)
    b<= #10 a;
```

经过该代码的声明后,等价于从寄存器 a 的输出端传到寄存器 b 的输入端需要消耗 10 个时间单位。

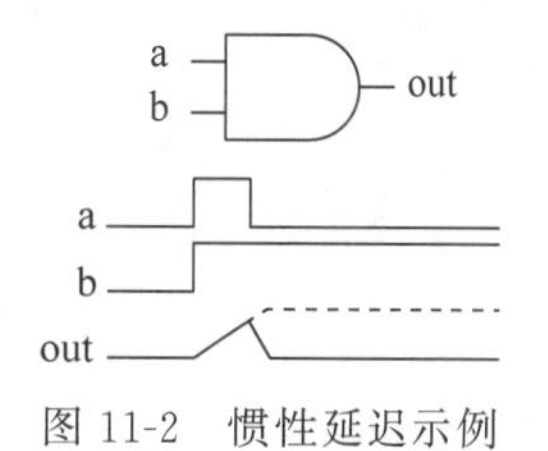

图 11-2　惯性延迟示例

惯性延迟的定义比较复杂,它指的是要让电路改变现有输出值所需要消耗的时间,例如在一个与门的两个输入端加入两组信号,如图 11-2 所示。

可以看到,初始为输入为 0,输出也为 0,然后 a 和 b 都变成高电平,此时与门的输出也应该变为高电平,但是由于与门从输出 0 变到输出 1 需要经过一段时间,如果变化过程中 a 信号像图中一样变为 0,则输出值就不会改变,就像一个人把物体拎高却中途撒手一样,物体会掉落回地面。有了惯性延迟机理,小于惯性延迟的输入信号都不会引起输出信号的改变,图 11-2 中为了显示更加直观,将 out 示意性地画出了上升和下降的过程,但其实 out 维持在 0 值不变。

可以使用门级或assign语句来定义惯性延迟。使用门级方式的示例代码如下：

```
and  a1 (Out,In1,In2);                        //没有延迟
and  #3  a2(Out,In1,In2);                     //定义了一个延迟
and  #(3,5)  a3(Out,In1,In2);                 //定义了两个延迟
bufif0  #(3,5,6)  a2(Dout,Din1,Din2);         //定义了三个延迟
```

延迟时间分为三种：上升延迟、下降延迟和关断延迟。上升延迟指从输入端产生驱动信号到输出端出现从任意值变化为1的过程；下降延迟指从输入端产生驱动信号到输出端出现任意值变化为0的过程；关断延迟指从输入端产生驱动信号到输出端出现从任意值变化为z的过程，关断延迟就是模拟电路关断的效果，并不是所有逻辑门都需要定义。

第一行代码没有添加延迟，是功能仿真时使用的。第二行添加了"#3"，定义了一个数值，表示延迟3个时间单位，即a2的上升延迟、下降延迟和关断延迟都是3。第三行定义了两个数值且要用()括在一起，表示上升延迟3，下降延迟5，关断延迟取二者最小的3。第四行定义了三个数值，表示上升延迟3、下降延迟5和关断延迟6，但由于很多门不需要关断延迟，所以多数逻辑门定义两个数值即可。

三个延迟时间可以代表电路在工作时的各种情况，但由于实际集成电路工艺的原因，实际电路的延迟时间并不是确定不变的，而是在一个范围内波动，为了更加精确，Verilog的语法中又定义了三种延迟：最小延迟、典型延迟和最大延迟。最小延迟即所有可能性中延迟最小的情况；最大延迟即所有可能性中延迟最大的情况；典型延迟即最具有代表性的，大多数都是此延迟的情况。最小、最大、典型值的语法采用冒号隔开，上升、下降、关断延迟都可以分别定义最小、最大和典型的延迟时间，例如：

```
notif0  #(1:2:3)  a1(out,in1,in2);                   //上升延迟
notif0  #(1:2:3,2:3:4)  a2(out,in1,in2);             //上升延迟,下降延迟
notif0  #(1:2:3,2:3:4,3:4:5)  a3(out,in1,in2);       //上升延迟,下降延迟,关断延迟
```

注意上述三行代码中，逗号隔开的是上升、下降、关断延迟时间，冒号隔开的是最小、最大、典型延迟时间，这三个延迟时间必须全部给出，不能缺少其中的一个或几个。

使用assign语句也可以定义惯性延迟，有下述两种定义方式：

```
//第一种,定义在线上
wire #10 a;
assign a = b;
//第二种,定义在assign语句中
wire a;
assign #10 a = b;
```

同样地，assign中定义的延迟也可以设置为上升、下降、关断延迟，每个延迟也可以定义最小、典型、最大延迟时间，与门级建模中的延迟时间定义完全相同。

以上是单个逻辑门的延迟时间，一个完整设计包含多个逻辑门，对设计整体进行时序定义的方法有三种：分布延迟、集总延迟和路径延迟。为了说明这三者的区别，现给出图11-3所示的参考电路，结合此电路用三种模型分别建模。

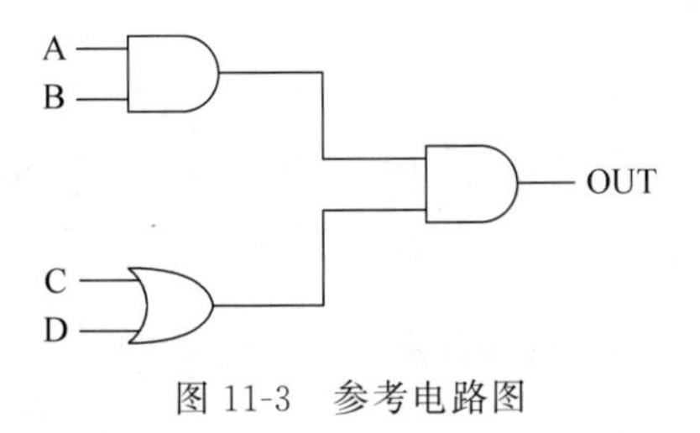

图 11-3 参考电路图

分布延迟就是对每一个元器件都给出详细的定义，参考代码如下：

```
module M1(OUT,A,B,C,D);
output OUT;
input A,B,C,D;
wire and1,or1;

and #4 u1(and1,A,B);
or  #3 u2(or1,C,D);
and #6 u3(OUT,and1,or1);

endmodule
```

集总延迟是对整个模块而言的，它把整个模块的延迟都集中到最后的输出端，而不是像分布延迟一样把延迟分散到每个使用到的元件，参考代码如下：

```
module M2(OUT,A,B,C,D);
output OUT;
input A,B,C,D;
wire and1,or1;

and  u1(and1,A,B);
or   u2(or1,C,D);
and #10 u3(OUT,and1,or1);

endmodule
```

路径延迟是指定每一个输入端到输出端的延迟，参考代码如下：

```
module M3(OUT,A,B,C,D);
output OUT;
input A,B,C,D;
wire and1,or1;

and u1(and1,A,B);
or  u2(or1,C,D);
and u3(OUT,and1,or1);

specify
   (A => OUT) = 10;
   (B => OUT) = 10;
```

```
    (C => OUT) = 9;
    (D => OUT) = 9;
endspecify
endmodule
```

路径延迟的语法层次较低，本书只给出简单示例，不做进一步介绍和讨论。

11.3 代码风格的推荐

Verilog HDL 的代码风格会影响最后的电路实现，本书中对一些共通的规范进行介绍，使读者养成一个良好的习惯，形成一个比较基础的代码风格。

11.3.1 多重驱动问题

多重驱动问题是初学者最容易犯的错误之一，主要原因就是逻辑划分不清。在可综合的模块中，一个信号的赋值只发生在一个 always 结构中，如果出现在两个 always 结构中就构成了多重驱动，综合工具会认为这两个电路尝试对同一个变量赋值，实际效果就会造成电路信号的碰撞，然后生成无法预料的结果。所以设计者在设计模块时一般都会在一个 always 结构中把某个输出的所有情况都写清楚，确保没有考虑不全的情况，然后再去编写其他输出的情况。

为了避免多重驱动，设计思路不要考虑"在这些情况下设计模块的输出都应该是什么"，而是要考虑"每个输出在这些情况下都应该输出什么"，也就是不要从情况入手，而是要从输出的角度来看待电路。而且在 Verilog HDL 编写设计模块的语法指导中也建议设计者使用每个 always 结构完成一个信号的赋值，除非几个信号产生变化的情况都相同或者信号之间有强烈的依赖关系时才放在一起。如果设计者不注意，在综合时会出现 multiple driven 字样的错误信息。

如果还是觉得概念模糊，那么记住一个原则：同一个变量的赋值只出现在一个 always 结构中，而且必须在这个 always 中完成该变量的全部赋值。

11.3.2 敏感列表不完整

敏感列表的完整性前文中已经介绍过。在@引导的敏感列表中必须包含完整的敏感列表，这是针对组合逻辑电路而言。时序电路中@的敏感事件只是 clock 的边沿或 reset 一类信号的边沿情况，若出现其他变量就会变成异步电路，而异步电路的设计很多综合工具并不支持或支持得很差，需要人工的帮助，不在本书的介绍范围之内。

组合逻辑电路敏感列表不完备就会造成仿真结果不正确，以及最终实现的电路结构不正确或出现锁存器结构。例如如下代码：

```
always @(a)
   c = a^~b
```

这个代码中希望生成一个同或电路，但是敏感列表缺少了 b，这样 b 的变化不会促使 always 结构发生变化。此代码综合后可能会生成一个带控制端的锁存器的电路形式，当然也可能是正确的，但设计者不能过分依赖综合工具，这也是基本原则。把敏感列表补充完整如下：

```
always @(a or b)
    c = a^~b
```

在有些情况下，always 结构中涉及变量太多，写清全部敏感列表会变得很吃力，这时可以使用 * 号来代替敏感列表，也是一种很好的习惯。

11.3.3　if 和 case 不完整

所谓的 if 和 case 不完整问题就是缺失了部分语法。例如出现了一个 if，必然要出现与之对应的 else，否则电路中就容易出现锁存器。锁存器这种电路结构在非故意使用的情况下不推荐出现，而 else 的缺失可以造成锁存器的出现。考虑如下代码：

```
reg [1:0] out;
always @(posedge clock)
begin
  if(s == 2'b00) out <= 2'b00;                          //语句 1
  if(s == 2'b11) out <= 2'b11;                          //语句 2
end
```

由于条件判断上的逻辑不清晰，导致整个代码显得很奇怪，可修改如下：

```
reg [1:0] out;
always @(posedge clock)
begin
  if(s == 2'b00) out <= 2'b00;
  else if(s == 2'b11) out <= 2'b11;                     //这两句也可以颠倒
  else out <= 2'b11;
end
```

在 case 语句中也容易出现锁存器，例如如下代码：

```
reg [1:0] sel;
always @(sel,a,b)
  case(sel)
  2'b00:out = a + b;
  2'b01:out = a - b;
  2'b10:out = a + b;
  2'b11:out = a + b;
  endcase
```

该 case 语句中缺少了 default，效果和 if 语句中缺少 else 一样，增加后如下：

```
reg [1:0] sel;
always @(sel,a,b)
  case(sel)
  2'b00:out = a + b;
  2'b01:out = a - b;
  2'b10:out = a + b;
  2'b11:out = a + b;
  default:out = 0;
  endcase
```

该代码中直接赋值为 0，如果设计者不知道应该在 else 或 default 中产生什么输出值，也可以不添加任何语句，但记得保留分号，如下：

```
default : ;            //保持空白
或
else ;                 //保持空白
```

11.3.4 组合和时序混合设计

前文中已经介绍过，组合和时序电路的混合设计是因为设计划分不清造成的，观察如下代码：

```
reg x,y,z;
always @(x,y,z,posedge reset)
if (reset)
  out = 0;
else
  out = x^y^z;
```

这就是一个比较典型的例子，一方面设计者希望能完成 abc 的异或，另一方面又希望能在一个 always 结构中完成清零过程，就得到这样一个混合设计的模块，按之前的指导建议，这里的赋值语句采用阻塞赋值。但从根本上将二者划分开才是最好的解决途径，拆分代码如下：

```
reg x,y,z;
always @(posedge reset)
if (reset)
begin
  x<=0;
  y<=0;
  z<=0;
end
else ...                    //其他语句赋值或空白

assign  out = x^y^z;        //使用 assign 语句来完成组合逻辑
```

11.4 可综合模型的结构

本节给出比较完整的模块结构，供初学者在编写代码时参考。设计模块中只能使用可综合的语法，参考如下代码模型：

```
//------------------- 编译指令 ----------------------------
`define  MACRO  value                              //宏定义声明
`include "file_name.v"                             //包含的文件
`timescale 1ns/1ns                                 //时间刻度定义
//----------------- 模块及端口定义 -------------------------
module module_name(完整的端口列表);                  //模块声明,注意端口列表的完整
input   [宽度 - 1:0] input_port;                    //输入、输出、双向端口及宽度的声明
inout   [宽度 - 1:0] inout_port;
output   [宽度 - 1:0] output_port;
reg     [宽度 - 1:0] output_port;                   //在 initial 和 always 中使用时
//------------------ 内部资源声明 -------------------------
reg   [宽度 - 1:0] reg_name;                        //模块内部用到的变量
wire   [宽度 - 1:0] wire_name;                      //模块内部用到的线网
integer   integer_name;                            //整数型有符号数
//------------------- 参数声明 ----------------------------
parameter   name = value;                          //参数声明部分
//------------------ 时序逻辑电路 -------------------------
always @(posedge clock or negedge reset)           //对边沿敏感,时序逻辑电路
begin
  left_side <= right_side;                         //采用非阻塞赋值,可出现 if、case
end
//------------------ 组合逻辑电路 -------------------------
always @(signal_name)                              //对电平敏感,组合逻辑电路
begin
  left_side = right_side;                          //采用阻塞赋值,可出现 if、case
end
//------------------- 连续赋值语句 ------------------------
assign left_side = right_side;                     //适用于简单或逻辑清晰的组合逻辑
//-------------------- 门级调用 --------------------------
gate_name gate1(out1, in1, in2);                   //可使用门级,但一般较少
//------------------ 实例化语句 ---------------------------
Instantiation   my_unit(端口连接);                  //可实例化其他模块,但不推荐

endmodule
```

所有模块的设计都是由上述模型中的某几个部分来完成的，读者可以对比查找哪部分语法还不熟悉，进一步完善自身。其中的门级调用极少出现在模块中，基本可以忽略。实例化语句也很少与之前的 always 等出现在同一模块中，这是一种不太推荐的“套娃”模式，一般情况下，功能模块使用 always 和 assign 来编写，在顶层使用实例化语句来组装这些功能模块，并配有部分 assign 语句做连线的控制。

模块及端口定义部分还有另一种风格，相比更为简洁，如下：

```
//----------------- 模块及端口定义 --------------------------
module module_name(                           //模块声明
input   [宽度 - 1:0] input_port,              //输入、输出、双向端口及宽度的声明
inout   [宽度 - 1:0] inout_port,
output   [宽度 - 1:0] output_port1,           //用于 assign 和门级输出
output   reg  [宽度 - 1:0] output_port2       //在 initial 和 always 中使用时
);
```

使用者可以根据自身的喜好来选择任意一种风格。

第12章

摩尔型状态机

之前章节中出现的代码，其功能相对都比较简单，且以组合逻辑电路代码为主，所接触到的时序电路模块也仅仅是计数器或者触发器这类最基本的时序逻辑电路。在实际应用中，复杂时序电路的使用非常广泛，而状态机是描述时序逻辑电路的最基本方式。时序电路分为摩尔型和米利型，状态机也分为摩尔型状态机和米利型状态机，本章介绍较简单的摩尔型状态机的写法。

12.1 摩尔型电路与状态转换图

时序逻辑电路的功能非常复杂，并不是依靠简单的逻辑判断就能完成的，状态转换图是解决时序逻辑电路设计的常用方式，需要一些基本的数字逻辑知识。在编写 Verilog 代码之前，要先画出所需时序电路功能的状态转换图，然后根据状态转换图来编写状态机。

摩尔型时序电路的特点是当前的输出仅与电路的状态有关，而没有其他的输入信号，一个比较经典的例子就是红绿灯。红绿灯只需要通电，就会按照自己设定好的程序依次变化，这种功能电路就是摩尔型时序电路。所以，可以认为摩尔型时序电路就是一个可以自动循环的时序电路，但有着数个不同的状态，每个状态可以产生不同的输出。

考虑一个红绿灯的控制器，按日常功能完成“红灯→黄灯→绿灯→黄灯”的变化，每个黄灯持续 5 秒，每个红灯持续 25 秒，每个绿灯持续 15 秒。要完成此设计，首先要画出期待的电路变化过程，如图 12-1 所示，然后抽象出状态转换图，如图 12-2 所示。

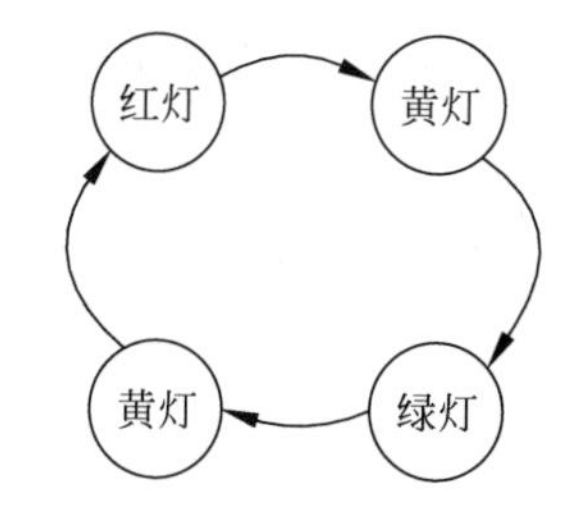

图 12-1　红绿灯的变化过程

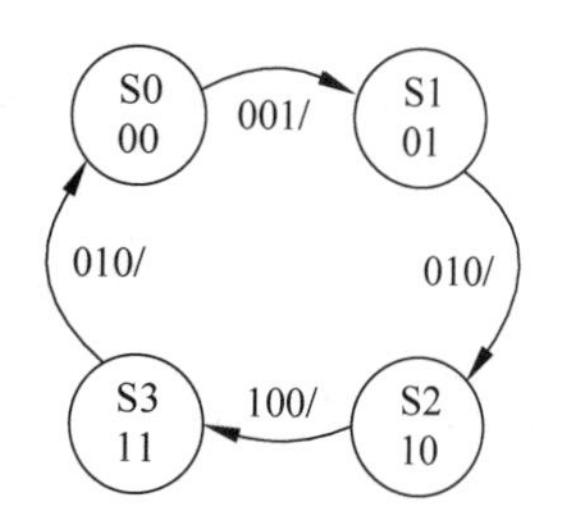

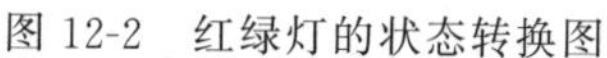

图 12-2　红绿灯的状态转换图

图 12-1 只是简单写出所需的变化过程和期待的输出，例如红灯就表示红灯亮，除了状态数目相同外，其他部分与状态转换图还有一定差距。结合图 12-2 来说明状态转换图的一般画法。状态转换图包含的要素有三个：状态数目、状态编码和状态输出。状态数目就是该时序电路设置了几种不同的状态，例如该红绿灯控制器需要四个状态，两个黄灯被视为两种状态，因为所处的位置不同，虽然都是黄灯，但如果设为一个状态，在摩尔型状态机中完成会比较麻烦，可能需要设置额外的标记位来区分，反而不如分成两种状态更加方便。状态编码是为确定好的每个状态分配不同编码，例如四个状态 S0～S3，需要两位的数值来区分这四种状态，按习惯从 00 赋值到 11。状态输出是为了描述不同状态下都有哪些输出值，例如控制红黄绿三个灯，最少需要三位信号，分别用一位信号来表示驱动相应的 LED 显示，001 表示亮起红灯，010 表示亮起黄灯，100 表示亮起绿灯，可知 101 表示亮起红灯和绿灯，但是不可能发生。三个要素确定完毕，则状态转换图完成。额外说明一点，图中状态输出有一个/符号，这是因为没有输入信号，含有输入信号的是米利型状态机，会在第 13 章介绍。

所有摩尔型状态机的画法都是类似的，当状态转换图完成后，整个电路应该有的转换和输出关系也就非常清晰了，可以进一步编写代码。

12.2 编写摩尔型状态机

摩尔型状态机使用多个 always 结构联合工作的方式，针对 12.1 节中的红绿灯控制器，可以编写如下的代码模块：

```
module trafficlight(clock,reset,red,yellow,green);   //红绿灯模块定义
input clock,reset;                                   //输入时钟和复位信号
output red,yellow,green;                             //输出红黄绿的驱动信号
reg red,yellow,green;                                //用在 always 中

reg [1:0] current_state,next_state;                  //设置当前状态和下一状态,用于转换

parameter  red_state = 2'b00,
           yellow1_state = 2'b01,
           green_state = 2'b10,
           yellow2_state = 2'b11,                    //四种状态
           delay_red = 5'd25,
           delay_yellow = 5'd5,
           delay_green = 5'd15;                      //三个延迟参数,表示延迟时间

always @(posedge clock or negedge reset)             //第一段 always,用于状态更新
begin
  if(reset == 1'b0)
    current_state <= red_state;
  else
    current_state <= next_state;
end
```

```
always @(current_state)        //第二段 always,根据当前状态判断下一状态,并产生输出
begin
    case(current_state)
    red_state:begin
            red = 1;
            yellow = 0;
            green = 0;                                          //三个输出
            repeat (delay_red) @(posedge clock);                //重复边沿,即延迟时钟数
            next_state = yellow1_state;                         //下一状态改变
        end
    yellow1_state:begin
            red = 0;
            yellow = 1;
            green = 0;
            repeat (delay_yellow) @(posedge clock);
            next_state = green_state;
        end
    green_state:begin
            red = 0;
            yellow = 0;
            green = 1;
            repeat (delay_green) @(posedge clock);
            next_state = yellow2_state;
        end
    yellow2_state:begin
            red = 0;
            yellow = 1;
            green = 0;
            repeat (delay_yellow) @(posedge clock);
            next_state = red_state;
        end
    default:begin
            red = 1;
            yellow = 0;
            green = 0;
            next_state = red_state;                     //如有意外情况,返回红灯状态
        end
    endcase
end

endmodule
```

单独每一行代码想必读者已经可以看懂,所以这里从整体上分析状态机与之前 always 结构代码的区别,总的说来有四处需要注意的地方。

第一处是要声明两个状态寄存器,用来存放当前状态和下一状态。从状态转换图可以看出,状态机的实现依赖于状态的转换,所以在 Verilog 中声明两个寄存器,分别来存放当前状态和要跳转的下一状态,这是基本要求。当然,也可以使用一个寄存器来完成,整体写成一个 always 结构,后续章节中也会使用到。

第二处是参数声明部分。状态机编写习惯上都会声明一系列参数,用来表示不同的意义,像代码中的 red_state 表示红灯状态一样,调试会变得比较方便,即使有些时候意义不是那么清晰,也可以用 STEP_1 等来表示操作步骤。

第三处是状态的更新。此处的代码都相同,作用是在复位信号生效时完成初始化,同时在每个时钟边沿完成状态的更新(如果有的话),所以该段 always 结构需要对边沿敏感,写成时序形式,并采用非阻塞赋值。

第四处就是状态的判断和输出。同样是使用 always 结构,但这部分采用电平敏感,使用阻塞赋值方式完成,根据当前的状态来判断下一状态应该是什么,确定之后交给第三处的 always 结构来完成状态更新,同时完成状态应有的输出。这个部分中一般会设置一个缺省分支,用来保证回到最初的状态。

写完设计模块后,用之前介绍过的方式来完成测试模块如下:

```
module test12_1;
reg clock,reset;
wire red,yellow,green;

initial clock = 0;
always #10 clock = ~clock;                    //时钟信号

initial
begin
  reset = 1;
  #1 reset = 0;                               //产生一个复位信号沿
  #10 reset = 1;
  #10000;                                     //工作时间长度
  #20 $stop;
end

trafficlight my_light(clock,reset,red,yellow,green);

endmodule
```

启动仿真,可以得到如图 12-3 所示的仿真波形。由波形图可以看出,红黄绿三个信号所代表的电平值能够正常变化,其内部的状态寄存器变化也与设想的一致。

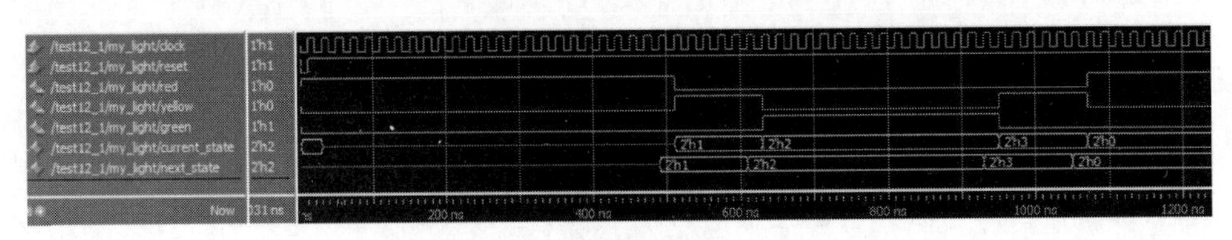

图 12-3　红绿灯仿真波形图

虽然从波形看起来输出值是正确的,但是此代码依然有不足之处,就是采用了 repeat 语句,而该语法是不可被综合的,虽然功能仿真中红灯、黄灯和绿灯持续了所需要的时间,但是一旦进入后续流程得到最终电路,repeat 语句就会被综合工具忽略,该红绿灯就会一秒变换一次信号,显然与要求不符,所以必须考虑电路能够实现“计数”的功能。

由于所需功能清晰，改变也就很容易，为该代码增添一个计数器单元，并做配套的修改，得到代码如下：

```
module trafficlight(clock,reset,red,yellow,green);  //第一个红绿灯模型
input clock,reset;                                   //输入时钟和复位信号
output red,yellow,green;                             //输出红黄绿的驱动信号
reg red,yellow,green;

reg [1:0] current_state,next_state;                  //保存当前状态和下一状态
reg [4:0] light_count,light_delay;                   //增加计数器和计数器延迟

parameter red_state = 2'b00,
          yellow1_state = 2'b01,
          green_state = 2'b10,
          yellow2_state = 2'b11,
          delay_red = 5'd25,
          delay_yellow = 5'd5,
          delay_green = 5'd15;                       //参数声明

always @(posedge clock or negedge reset)      //第一段 always,用于把下一状态赋值给当前状态
begin
  if(reset == 1'b0)
    current_state <= red_state;
  else
    current_state <= next_state;
end

always @( * )                    //第二段 always,用于根据当前状态判断下一状态,并产生输出
begin
    case(current_state)
    red_state:begin
                red = 1;
                yellow = 0;
                green = 0;
                light_delay = delay_red;              //延迟时间被赋值为 red 时的延迟
                if(light_count == light_delay)        //达到延迟时间,变为下一状态
                    next_state = yellow1_state;
            end
    yellow1_state:begin
                red = 0;
                yellow = 1;
                green = 0;
                light_delay = delay_yellow;           //延迟时间被赋值为 yellow 时的延迟
                if(light_count == light_delay)        //达到延迟时间,变为下一状态
                    next_state = green_state;
               end
    green_state:begin
                red = 0;
                yellow = 0;
```

```
                    green = 1;
                    light_delay = delay_green;          //延迟时间被赋值为 green 时的延迟
                    if(light_count == light_delay)      //达到延迟时间,变为下一状态
                        next_state = yellow2_state;
                 end
      yellow2_state:begin
                    red = 0;
                    yellow = 1;
                    green = 0;
                    light_delay = delay_yellow;         //延迟时间被赋值为 yellow 时的延迟
                    if(light_count == light_delay)      //达到延迟时间,变为下一状态
                        next_state = red_state;
                  end
      default:begin
                red = 1;
                yellow = 0;
                green = 0;
                next_state = red_state;
             end
      endcase
  end

  always @(posedge clock or negedge reset)             //此 always 结构定了计数器
  begin
    if(reset == 0)
      light_count <= 0;
    else if (light_count == light_delay)               //达到规定的计数值 light_delay 时置 1
      light_count <= 1;
    else
      light_count <= light_count + 1;
  end

  endmodule
```

该代码在最后增加了一段 always 结构，设计了一个计数器，初始值为 0，然后正常计数，当计数到 light_delay 时恢复到 1。注意这个 1 值也不是想当然就定义的，需要考虑电路的时序，因为当计数到最大数值时，状态会发生改变，所以下一个时钟周期就会跳到新的状态，此时如果计数器从 0 开始计数，就会比正常的计数循环多 1。当然，如果在设计时想不到这个问题，在仿真之后发现了也可以修改回来。

在每一个状态下，都对所需要计数的数值做了重新定义，这样就可以在每个灯亮起时各自计数。同时请注意，用于状态判断的 always 结构中的敏感列表变为了 * 号，这是为了保证计数器的数值能够触发该结构。修改后的代码依然使用同一测试模块进行功能仿真，得到的仿真波形图如图 12-4 所示。

此时似乎一切都正确了，但还有一个问题：本代码显然是一个时序电路模型，而时序电路一般要求电路的输出端必须是寄存器。由于在此前的代码中，所有输出端的赋值都放在了电平敏感的 always 结构中，最后都会被识别为组合逻辑电路，与需求不符，所以再次修改

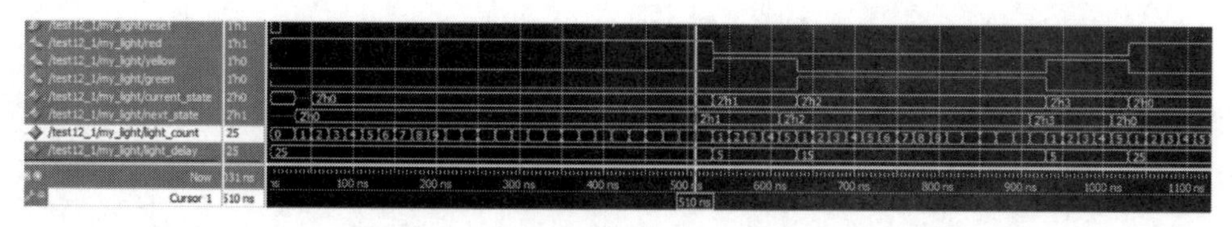

图 12-4　带计数器的红绿灯仿真波形图

代码，把所有的输出端提出，合并成一个结构，参考代码如下：

```
//仅给出改变的部分,未给出的不动
always @( * )                                    //第二段 always,把所有的输出去除
begin
    case(current_state)
    red_state:begin
            light_delay = delay_red;             //延迟时间被赋值为 red 时的延迟
            if(light_count == light_delay)       //达到延迟时间,变为下一状态
                next_state = yellow1_state;
        end
    yellow1_state:begin
            light_delay = delay_yellow;          //延迟时间被赋值为 yellow 时的延迟
            if(light_count == light_delay)       //达到延迟时间,变为下一状态
                next_state = green_state;
        end
    green_state:begin
            light_delay = delay_green;           //延迟时间被赋值为 green 时的延迟
            if(light_count == light_delay)       //达到延迟时间,变为下一状态
                next_state = yellow2_state;
        end
    yellow2_state:begin
            light_delay = delay_yellow;          //延迟时间被赋值为 yellow 时的延迟
            if(light_count == light_delay)       //达到延迟时间,变为下一状态
                next_state = red_state;
        end
    default:begin
            next_state = red_state;
        end
    endcase
end

always @(posedge clock or negedge reset)         //第三段 always,用于产生输出,时钟边沿敏感
begin
    if(reset == 0)                               //复位时的输出
    begin
        red <= 1;
        yellow <= 0;
        green <= 0;
    end
    else
        case(current_state)                      //虽然也是判断当前态,但会在边沿来时判断,所以
```

```
        red_state:begin                    //最后会被认为是寄存器输出,使用非阻塞赋值;
            red <= 1;                      //虽然这里采用阻塞赋值也没什么问题,因为 EDA
            yellow <= 0;                   //软件智能型性很高,但还是推荐使用非阻塞赋值
            green <= 0;
            end
        yellow1_state:begin
            red <= 0;
            yellow <= 1;
            green <= 0;
            end
        green_state:begin
            red <= 0;
            yellow <= 0;
            green <= 1;
            end
        yellow2_state:begin
            red <= 0;
            yellow <= 1;
            green <= 0;
            end
        default:begin
            red <= 1;
            yellow <= 0;
            green <= 0;
          end
      endcase
  end
```

至此,一个标准的摩尔型状态机完成,能够被综合工具正常综合,同时满足基本的时序电路要求,不仅摩尔型状态机如此,其实米利型状态机也是大体类似的。

第13章

米利型状态机

摩尔型时序电路没有输入信号，仅仅是自身状态的循环，在一些特定场合下有其固定的应用。但在实际工作中，绝大多数时序电路需要输入信号的参与，称为米利型时序电路，该类电路的 Verilog 模型与摩尔型非常相似，只是在状态转移方面更加复杂。

13.1 米利型电路与状态转换图

米利型电路的输出信号不仅与当前的电路状态有关，还与电路的输入有关，也就是说，输入信号会决定电路状态的跳转。现实中接触到的各类时序电路基本都会有输入信号，考虑这样的一个序列信号检测电路（这也是时序逻辑电路的入门级别电路）：检测输入信号是否存在 11010 序列。由于是检测序列信号，输入信号是 1 位宽度且依次输入，检测到 11010 序列后输出一个脉冲来表示检测成功，则按照状态转换图的画法，可以得到如图 13-1 所示的状态转换图。

此类时序电路一般都会有一个初始态，用来区别于其他有效状态，图 13-1 中 S0 就是这个初始态。在初始态下，如果检测到下一个值是 1，则进入 S1 状态，表示有一个信号满足条件，但如果是 0，则回到初始态，表示没有信号满足条件。S1 状态下如果值是 1 则进入 S2，表示检测到 11，如果是 0 则表示检测到 10，与 11010 无按顺序的重合，检测失败，会回到初始态。S2 状态下值是 0 则进入 S3，表示检测到 110，值是 1 则表示检测到 111，与 11010 重合部分是 11，所以维持在 S2 状态。S3 状态下如果值是 1 则进入 S4，表示检测到 1101，如果值是 0 则表示检测到 1100，与 11010 无按顺序的重合，回到 S0 状态。S4 状态下如果值是 1 则进入 S5，表示检测到

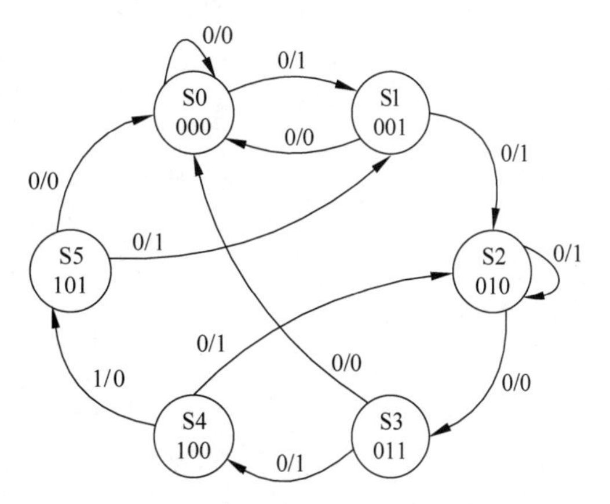

图 13-1 序列检测器的状态转换图

11010,如果值是0则表示检测到11011,回到S2状态。S5状态下如果值是0则进入S0,值是1则进入S1,开始新的一轮检测。

图中箭头上斜线的表示形式为"输出/输入",表示的意义为:在该输入情况下,状态会沿此箭头方向跳转,并产生对应的输出。例如在S4向S5跳转的箭头上标注了"1/0",表示在S4状态下如果输入为0则会跳转到S5,同时输出为1。因为一共有六个状态,所以采用三位编码,从000至101即可。

13.2 编写米利型状态机

以状态转换图为基础,结合摩尔型状态机的写法,可以得到该序列检测器的Verilog代码,参考如下:

```
module seq_detec(x,z,clk,reset);
input x,clk,reset;
output z;
reg z;
reg[2:0]state,nstate;                                    //state表示原态,nstate表示新态

parameter S0 = 3'd0,S1 = 3'd1,S2 = 3'd2,S3 = 3'd3,S4 = 3'd4,S5 = 3'd5;  //参数声明

always @(posedge clk or negedge reset)                              //状态更新
begin
  if(reset)
    state <= S0;
  else
    state <= nstate;
end

always@(state or x)                       //指定状态的变化,注意@的是state或x,有输入
begin
     case(state)
        S0: begin
                 if(x == 1)               //S0时输入x为1,进入S1,检测到1
                 begin
                   nstate = S1;           //每一个分支指明状态的变化
                   z = 0;                 //指明此分支对应的输出
                 end
                 else                     //S1时输入x为0,进入S0,检测到0,无效
                 begin
                   nstate = S0;
                   z = 0;
                 end
            end
        S1: begin
                 if(x == 1)               //S1时输入x为1,进入S2,检测到11
                 begin
                   nstate = S2;
```

```
          z = 0;
        end
        else                          //S1 时输入 x 为 0,进入 S0,检测到 10,无效
        begin
          nstate = S0;
          z = 0;
        end
      end
    S2: begin
        if(x == 0)                    //S2 时输入 x 为 0,进入 S3,检测到 110
        begin
          nstate = S3;
          z = 0;
        end
        else                          //S2 时输入 x 为 1,进入 S2,检测到 11
        begin
          nstate = S2;
          z = 0;
        end
      end
    S3: begin
        if(x == 1)                    //S3 时输入 x 为 1,进入 S4,检测到 1101
        begin
          nstate = S4;
          z = 0;
        end
        else                          //S3 时输入 x 为 0,进入 S0,检测到 1100,无效
        begin
          nstate = S0;
          z = 0;
        end
      end
    S4: begin
        if(x == 0)                    //S4 时输入 x 为 0,进入 S5,检测到 11010
        begin
          nstate = S5;
          z = 1;
        end
        else                          //S4 时输入 x 为 1,进入 S2,检测到 11011,有效值 11
        begin
          nstate = S2;
          z = 0;
        end
      end
    S5: begin                         //与状态图完全对应
        if(x == 0)                    //S5 时输入 x 为 0,进入 S0,回到初始态
        begin
          nstate = S0;
          z = 0;
        end
```

```
                    else                              //S5 时输入 x 为 1,进入 S1,检测到 1
                    begin
                      nstate = S1;
                      z = 0;
                    end
                end
            default:begin
                    nstate = S0;
                    z = 0;
                end
        endcase
end

endmodule
```

编写测试模块来验证该序列检测器的功能,测试模块参考代码如下:

```
module test13_1;
reg x,clk,reset;
wire z;
integer seed = 8;

initial clk = 0;
always #5 clk = ~clk;

initial
begin
  reset = 1;
  #15 reset = 0;
  #15 reset = 1;
end

always
  #10   x = ( $ random(seed) % 2);                       //随机生成 0、1 信号

seq_detec  myseq_u1(x,z,clk,reset);

endmodule
```

运行一段时间后,观察仿真波形就可以验证功能是否正确。图 13-2 是截取了仿真波形中随机值恰好为 11010 时的一段,在 clk 的每个上升沿可以读到 x 的有效值,z 值会在出现 1101 之后且下一个值为 0 时输出。

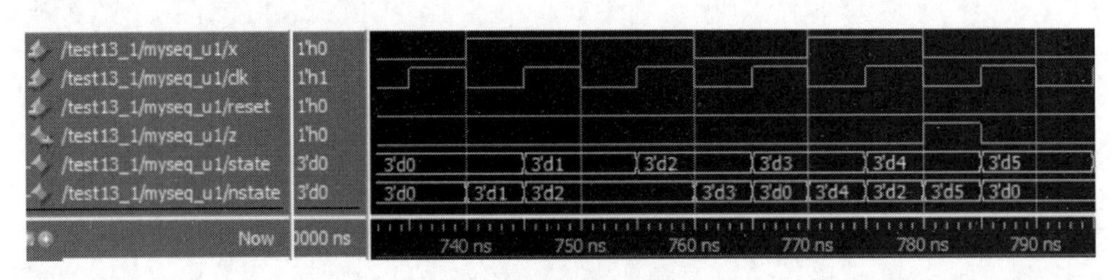

图 13-2　仿真波形图

由于输出信号是组合逻辑，按第12章的建议，将输出值单独写成一个always结构。而且该代码中z值变化很少，仅在特定状态下才有改变，所以可以做更进一步整合，得到如下的参考代码，为节约篇幅，重复部分未列出。

```
always @(posedge clk or negedge reset)            //原态和新态之间的转换
begin
  if(reset == 0)
    state <= S0;
  else
    state <= nstate;
end

always@(state or x)                               //指定状态的变化,注意@的是 state 或 x
begin
     case(state)
        S0: begin
              if(x == 1)
                 nstate = S1;
              else
                 nstate = S0;
            end
        S1: begin
              if(x == 1)
                 nstate = S2;
              else
                 nstate = S0;
            end
        S2: begin
              if(x == 0)
                 nstate = S3;
              else
                 nstate = S2;
            end
        S3: begin
              if(x == 1)
                 nstate = S4;
              else
                 nstate = S0;
            end
        S4: begin
              if(x == 0)
                 nstate = S5;
              else
                 nstate = S2;
            end
        S5: begin
              if(x == 0)
                 nstate = S0;
              else
```

```
                    nstate = S1;
                end
            default:begin
                    nstate = S0;
                end
        endcase
end

always @(posedge clk or negedge reset)          //输出部分的赋值
begin
    if(reset == 0)
        z <= 0;
    else if (state == S5)                        //仅指明此状态下输出为 1
        z <= 1;
    else                                         //其余状态下都是 0
        z <= 0;
end
```

同时测试模块也做少许修改，添加对 z 的输出结果的检测，以便及时停止仿真。检测到 z 发生变化后，一般要多延迟一会才停止，否则波形会直接截断，无法观察结果。

```
initial                                          //仅修改测试模块此部分
begin
  reset = 1;
  #15 reset = 0;
  #15 reset = 1;
  @(posedge z);                                  //等待 z 的上升沿
  #20 $stop;                                     //上升沿之后持续一小段时间结束，方便观察
end
```

得到的仿真结果如图 13-3 所示，注意图中的光标位置，此时已经出现了 11010 信号，但是输出端 z 要根据 state 值确定，在当前的 clk 边沿检测到 state 还是 4，下一个边沿才会检测到 state 是 5，所以会滞后一个周期，如果想要在光标位置输出 z 为 1 的信号，可以修改 z 的判断条件，例如：

```
else if (nstate == S5)                          //判断 nstate，则可提前一个周期
        z <= 1;
```

或者：

```
else if (state == S4  && nstate == S5)          //同时指明当前状态和下一状态，更加精准
        z <= 1;
```

根据采用 always 结构的数目不同，常常把状态机分为一段式、两段式和三段式。两段

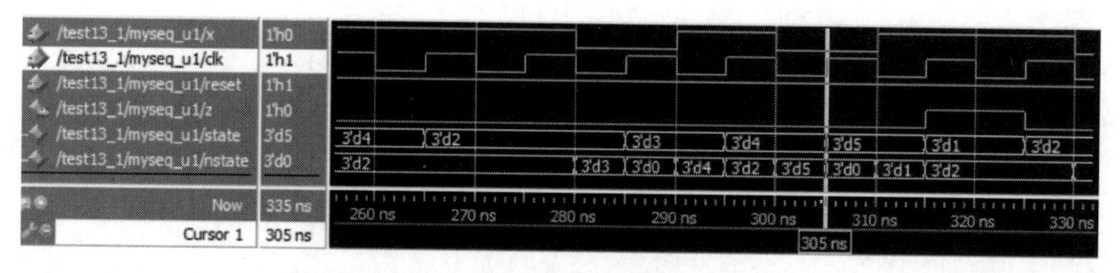

图 13-3　寄存器输出的仿真波形

式和三段式在前面的代码中都已经出现,这里把代码修改为一段式,参考如下:

```
module seq_detec (x,z,clk,reset);
input x,clk,reset;
output z;
reg z;
reg [2:0]state;                          //仅声明一个 state

parameter S0 = 3'd0,S1 = 3'd1,S2 = 3'd2,S3 = 3'd3,S4 = 3'd4,S5 = 3'd5;

always@(posedge clk or posedge reset)    //仅有一段 always
begin
   if(reset)                             //复位信号有效
     begin
         state <= S0;                    //回到初始状态
         z <= 0;                         //z 输出 0,都是非阻塞赋值
     end
   else
     case(state)
         S0: begin                       //每个分支下,写清下一状态和输出
               if(x == 1)                //利用非阻塞赋值本身的特点,完成状态更新
                 begin
                   state <= S1;
                   z <= 0;
                 end
               else                      //所有的状态变化与之前一致
                 begin
                   state <= S0;
                   z <= 0;
                 end
             end
         S1: begin
               if(x == 1)
                 begin
                   state <= S2;
                   z <= 0;
                 end
               else
                 begin
                   state <= S0;
                   z <= 0;
                 end
```

```
         end
      S2: begin
            if(x == 0)
              begin
                state <= S3;
                z <= 0;
              end
            else
              begin
                state <= S2;
                z <= 0;
              end
          end
      S3: begin
            if(x == 1)
              begin
                state <= S4;
                z <= 0;
              end
            else
              begin
                state <= S0;
                z <= 0;
              end
          end
      S4: begin
            if(x == 0)
              begin
                state <= S5;
                z <= 1;
              end
            else
              begin
                state <= S2;
                z <= 0;
              end
          end
      S5: begin
            if(x == 0)
              begin
                state <= S0;
                z <= 0;
              end
            else
              begin
                state <= S1;
                z <= 0;
              end
          end
      default:begin
```

```
                state <= S0;
                z <= 0;
            end
    endcase
end
endmodule
```

需要说明一点，在每种分支下写明所有输出的情况，这是一种非常稳妥的描述方式。因为示例输出比较简答，看起来很烦琐，但实际电路中输出端的情况往往多变，会出现各种预料不到的信号变化。在本例中，如果思路清晰，也可以仅在几处写明 z 的变化，而删除其他对 z 的赋值部分。

```
always@(posedge clk or negedge reset)
begin
   if(reset == 0)
     begin
        state <= S0;
        z <= 0;                              //初始要赋值
     end
   else
     case(state)
        S0: begin
              if(x == 1)
                  state <= S1;
              else
                  state <= S0;
            end
        S1: begin
              if(x == 1)
                  state <= S2;
              else
                  state <= S0;
            end
        S2: begin
              if(x == 0)
                  state <= S3;
              else
                  state <= S2;
            end
        S3: begin
              if(x == 1)
                  state <= S4;
              else
                  state <= S0;
            end
        S4: begin
              if(x == 0)
                begin
```

```
                    state <= S5;
                    z <= 1;                 //变成 1 时要赋值
                  end
                else
                    state <= S2;
              end
         S5: begin
               if(x == 0)
                    state <= S0;
               else
                    state <= S1;

               z <= 0;                      //因为变成 1 之后进入 S5,所以 S5 状态下要把 z 清零
              end
         default:      state <= S0;         //此处最好也清零,但也可以不清
      endcase
end
endmodule
```

利用同样的测试模块,可以得到图 13-4 的仿真波形图,由于使用了 $random 函数,所以每次的随机数都是一样的,输入信号的波形也都相同。

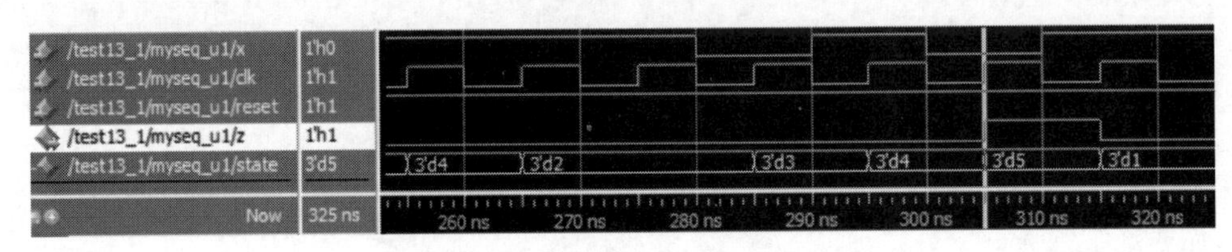

图 13-4　一段式状态机的输出波形

第14章

时序相关问题

在时序电路工作时，时间延迟是一个重要的问题，为了获得更少的延迟时间，达到更快的运算速度，可以从多个角度来改造设计，最直观的就是集成电路工艺的提升。在 Verilog 编码方面，可以使用流水线和乒乓操作的方式，提高系统的系统。

14.1 流水线

为得到更好的时序性能，即获得更小的运算时间，可以使用流水线的基本设计思想。流水线设计就是把一个整体划分为几个互相独立的部分，例如一个复杂的组合逻辑划分成几段简单的组合逻辑，然后用寄存器隔开各段，使每一段的电路都能在某个特定时间内完成，确定该时间，并设置为全局时钟，保证每个周期内各段电路都能顺序得到输出结果，这样就完成了一个流水线设计。

考虑图 14-1 的电路结构，也是时序电路中最普通的组成部分，在两个寄存器之间包含一段组合逻辑电路。为了计算方便，该组合逻辑电路的延迟时间设为 9.1ns，为了保证正常的时序，该电路所需要的时钟周期设为 10ns，也就是电路的主频为 100MHz。然后将电路分解为两个部分，一部分为 4.6ns，一部分为 4.8ns，如图 14-2 所示，一般来说两部分不可能完全相同，且两部分时间的和会大于原电路，此时要保证电路正常工作，只需要 5ns 的时钟周期即可，电路的主频变为 200MHz，升为两倍。

图 14-1 划分流水线前的电路

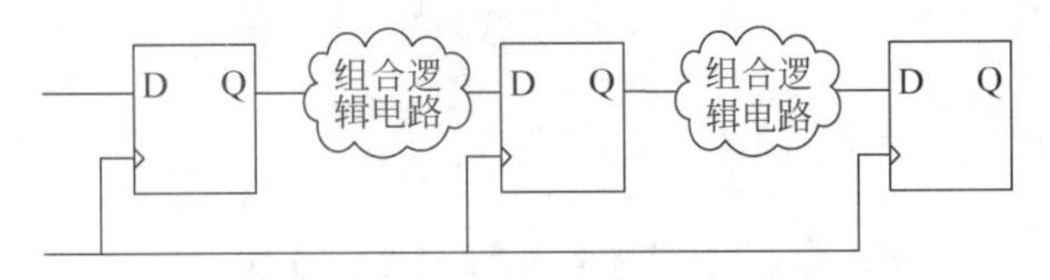

图 14-2 划分流水线后的电路

通过一个代码示例来说明，全加器可以由如下的 Verilog 代码来实现：

```
module fulladder(a,b,cin,sum,cout);
input a,b,cin;
output sum,cout;
wire cn,an,bn;
wire and1,and2,and3,and4,and5,and6,and7;
assign cn = ~cin,
       an = ~a,
       bn = ~b;
assign and1 = cn&bn;
assign and2 = bn&an;
assign and3 = cn&an;
assign and4 = cin&bn&a;
assign and5 = cn&b&a;
assign and6 = cn&bn&an;
assign and7 = cin&b&an;
assign cout = ~(and1|and2|and3);
assign sum = ~(and4|and5|and6|and7);

endmodule
```

由于 DC 等工具综合结果不太直观，所以将该代码送入 FPGA 工具来查看最终电路，在 Quartus Prime 中得到的电路结构如图 14-3 所示。

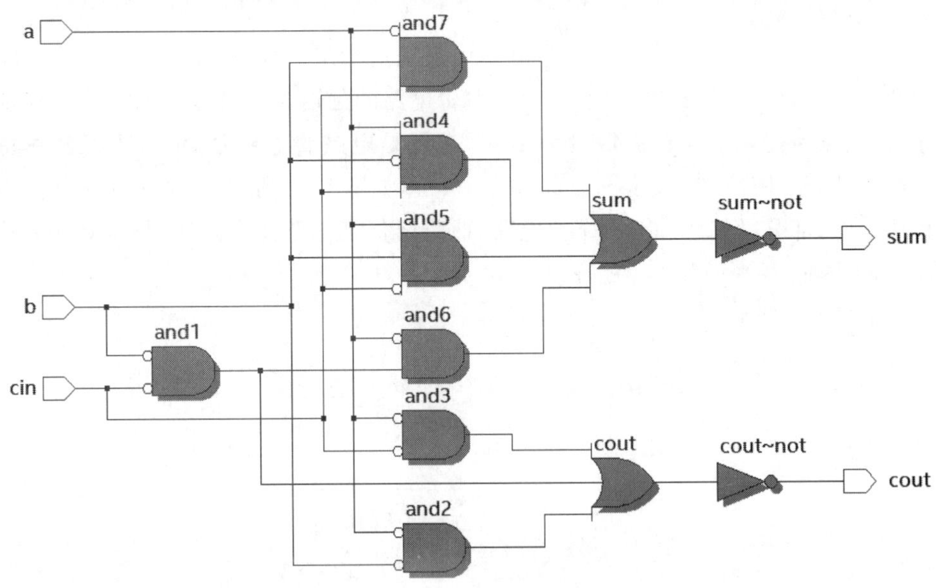

图 14-3 原始电路

将电路分成两级，加触发器分隔，可得如下代码：

```
module fulladder(a,b,cin,sum,cout,clk);
input a,b,cin,clk;
output sum,cout;
reg sum,cout;
wire cn,an,bn;
reg and1,and2,and3,and4,and5,and6,and7;

assign cn = ~ cin,
       an = ~ a,
       bn = ~ b;

always @(posedge clk)                       //分割为两部分
begin
  cout <= ~ (and1|and2|and3);
  sum <= ~ (and4|and5|and6|and7);
end

always @(posedge clk)                       //具体如何划分取决于电路结构，尽量平衡
begin
  and1 <= cn&bn;
  and2 <= bn&an;
  and3 <= cn&an;
  and4 <= cin&bn&a;
  and5 <= cn&b&a;
  and6 <= cn&bn&an;
  and7 <= cin&b&an;
end

endmodule
```

由代码可以知道该电路可分为与门部分和或非门部分，这样就可以将此电路划分为二级流水：与门作为第一级流水，或非门作为第二级流水，在延迟方面比较均匀，而且第一级流水与第二级没有直接相连的部分，必须用触发器完全隔断。同样可以在FPGA中得到图14-4所示的电路结构，可以看到相对图14-3的电路，在预先设定的两级流水之间的位置添加了一排寄存器，最终输出端也添加了一排寄存器，这样输入数据在进入第一级流水时不会影响第二级流水的工作，第一级运算结束后送入第二级流水，此时第一级又可以接收新的数据，两个部分相对独立工作就能使整个电路的运算速度得到提升。从每一组数据来看，都要经过两级流水，时间基本不变，但从整体上看，该电路连续工作时只需原来一半左右的时间就可以完成运算。

流水线结构可以大大提升速度，按集成电路的基本理论，速度的提升会牺牲其他性能指标，例如面积，图14-4中流水线结构的面积显然比非流水线结构要大很多，即使不算输出端，在两级流水中间也额外添加了六个寄存器，这些性能方面的考虑需要设计者根据实际需求情况进行取舍。

此外，设计流水线时一定要注意流水线级数的划分，并不是一味地越多越好，既要保证

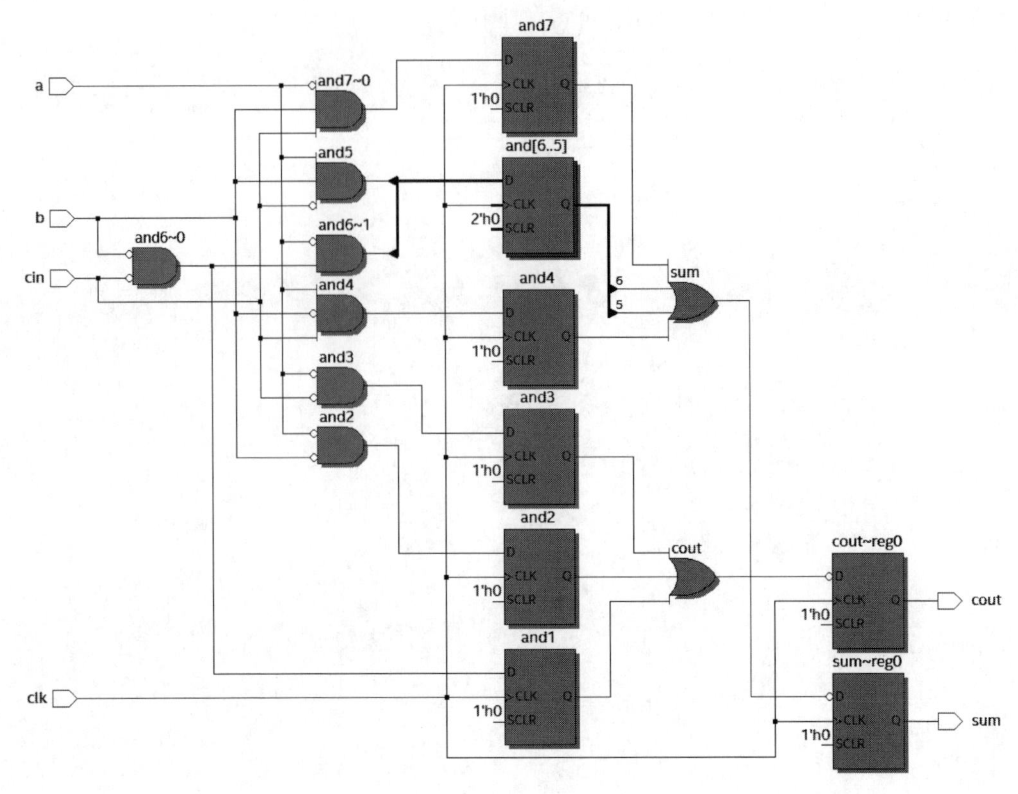

图 14-4　二级流水电路

划分的各级电路复杂程度基本相同从而使延迟近似，又要保证各级之间没有跨级传输的信号。请注意并不是所有电路都能划分流水线的，举例来说，一个电路延迟 10ns，但只能划分成 8ns 和 2ns 的两级，那流水线划分就显得没有什么必要了，又或者有些电路会存在反馈信号，那就很难做简单的划分，有关流水线的进一步了解可以参考实验的相关内容。

14.2　乒乓操作

乒乓操作是解决读取速度不匹配时的一个有效方式，其示意图如图 14-5 所示。考虑这样一个问题：当一个主控单元需要从存储设备中读取数据时，存储设备需要的时间较长，读写速度较慢，例如需要 10ns 完成一个数据的读写，但主控单元的其他部分电路工作周期最多只能接受 5ns 的周期，时钟周期如果再大就会造成电路性能的下降。换言之，存储器读写速度是限制整个系统的瓶颈，亟需提高存储器的读写速度来让整个电路达到同样的时钟周期，但存储器的性能已经到了极限，无法继续提高。

此时采用乒乓操作就是很好的解决方法。将原本一个大容量的存储体分成两个小容量的存储体，主控单元与这两个存储体相连，根据主控单元的读写控制情况，主控单元可以有不同的操作行为。

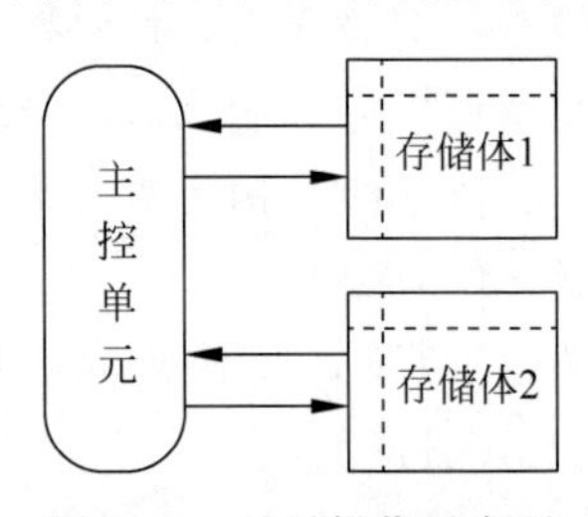

图 14-5　乒乓操作示意图

如果主控单元只能单独进行读写,例如需要向存储体写入数据,可以依次向存储体 1 和存储体 2 写入,这样整体看来与流水线类似,单独写入每一个存储体的时间依然是 10ns,但是两个存储体依次操作,在主控单元看来只需要 5ns 就可以得到一个数据。如图 14-6 所示,主控单元每个周期可以发出一个数据,每个存储体工作两个周期。

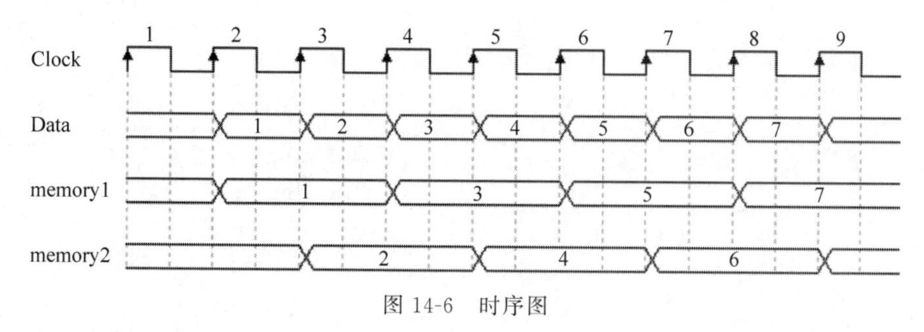

图 14-6　时序图

如果主控单元可以同时进行读写,则是另一种行为,使主控单元可以同时操作两个存储体,对一个存储体读,对另一个存储体写,从而让读写时间交叠,而且不会出现数据冲突。

14.3　同步操作与异步操作

如果一个 Verilog 子模块位于整个系统中,则需要考虑子模块与系统的时序问题,例如同步操作和异步操作。同步操作意味着子模块跟随系统主时钟,且有固定的时钟节拍,在规定的节拍内必须完成操作,系统默认子模块遵守此规则,所以当时钟节拍完成后就认为子模块功能已经实现,可以直接使用计算结果。异步操作则可以有不同的时钟,最主要的是没有固定节拍,系统下发任务后需等待子模块结束信号生效,才能取走计算结果。

考虑一个串并转换模块,即输入数据为 1 位的串行信号,每周期输入 1 位,当收到 8 位信号后,并行输出这 8 位信息,完成一次串并转换。当采用同步操作时,可以使用如下的代码来完成:

```
module s2p(ser_in,clk,reset,par_out);
input ser_in,clk,reset;
output [7:0] par_out;

reg [7:0] temp;

always@(posedge clk or negedge reset)
begin
  if(~reset)
    temp <= 8'b0000_0000;            //复位
  else
    temp <= {temp[6:0],ser_in};      //接收数据
end

endmodule
```

可以看到代码非常简单，其实可以视为一个8位的移位寄存器，一直对输入数据做移位处理，无论输入数据是否有效。系统把数据发给该子模块，等8个周期后从输出端直接取走即可。

如果使用异步操作，则需要加入使能端和结束标志位，参考代码如下：

```
module s2p(ser_in,clk,reset,run,par_out,done);
input ser_in,clk,reset,run;
output [7:0] par_out;
output done;

reg [7:0] temp;
reg [2:0] count;

always@(posedge clk or negedge reset)
begin
  if(~reset)
    temp <= 8'b0000_0000;                                   //复位
  else if(run)
    temp <= {temp[6:0],ser_in};                             //接收数据
  else
    temp <= 8'b0000_0000;                                   //非正常状态清零
end

always@(posedge clk or negedge reset)                       //计数器
begin
  if(~reset)
    count <= 3'b000;
  else if(run)
    count <= count + 1;
  else
    count <= 3'b000;
end

assign par_out = (count == 3'b000)? temp : 8'b0000_0000;    //计数8次完成输出
assign done = (count == 3'b000)? 1 : 0;                     //结束标志

endmodule
```

该代码使用时需在输入端维持run信号为1，等到输出端done信号为1时，从输出端口取走8位数据即可。

在做设计时，一定要考虑好模块与其他模块的信号交互，无论采用同步方式还是异步方式都可以完成相同的功能。这些要求一般在设计的开始时会写入设计说明书，所以在设计的最初一定要对端口做详细的构思和说明。

第15章

代码范例——基础篇

本章会提供一些基础功能模块的代码范例，以供读者使用和参考，这些模块的功能简单，代码实现难度不大，可以进一步熟悉各类语法的使用。

15.1 触发器与存储器

触发器是时序电路的基本元器件，根据输入端的数值情况，在时钟边沿的位置产生输出值，常用的触发器有D触发器和JK触发器等。D触发器的设计说明如表15-1所示。

表15-1 D触发器设计说明

模块名称	D触发器		
端口描述	名　称	宽　度	说　明
	clock	1bit	输入端，时钟信号
	reset	1bit	输入端，复位信号，异步，低电平使能
	set	1bit	输入端，置位信号，异步，低电平使能
	d	1bit	输入端，输入数据
	q	1bit	输出端，输出数据
功能描述	① 当reset下降沿时，无论d为何值，q变为0		
	② 若reset为1，则当set下降沿时，无论d为何值，q变为1		
	③ 若reset和set都为1，则当clock上升沿时，q输出d的数据		

根据表15-1所写的功能，可以编写设计代码，参考如下：

```
module dff(clock,reset,set,d,q);
input clock,reset,set,d;
output q;
reg q;

always @(posedge clock, negedge reset,negedge set)
```

```
begin
  if(reset == 0)
    q <= 0;
  else if (set == 0)
    q <= 1;
  else
    q <= d;
end

endmodule
```

设计代码编写完成后，构造测试模块。测试模块要对设计进行验证，包括功能覆盖、状态覆盖、开关覆盖等内容。由于该设计具有三种功能，作为最基本的测试要求，这三种功能都必须得到仿真验证，即功能必须完整，这也是本书的基本仿真要求。测试模块参考如下：

```
module tb_dff;
reg clock,reset,set,d;
wire q;

initial clock = 0;
always #5 clock = ~clock;                    //时钟信号生成

initial d = 1;
always #6 d <= d + 1;                        //d 值变化，方式不一

initial
begin
    reset = 1'b1;set = 1'b1;
    #25 reset = 1'b0;
    @(negedge clock);
    reset = 1'b1;                            //完成 reset 功能的测试

    @(negedge clock);
    @(negedge clock);
    set = 1'b0;
    #20 set = 1'b1;                          //完成 set 功能的测试

    #100 $stop;                              //继续运行，测试正常功能
end

dff dff_u1(clock,reset,set,d,q);             //模块实例化

endmodule
```

测试模块中注释了三种功能的测试部分，运行仿真后可以得到图 15-1 所示的仿真波形图，在波形图中可以看出，第一个光标处 reset 短暂变为 0，此时 q 值立刻变为 0；第二个光标处 set 变为 0 并持续一段时间，q 值也立刻变为 1 并持续；第三个光标处是 clock 的上升沿，d 值为 1，q 值也输出 1，随后的一个上升沿处 d 值为 0，q 值输出为 0，三种功能验证无

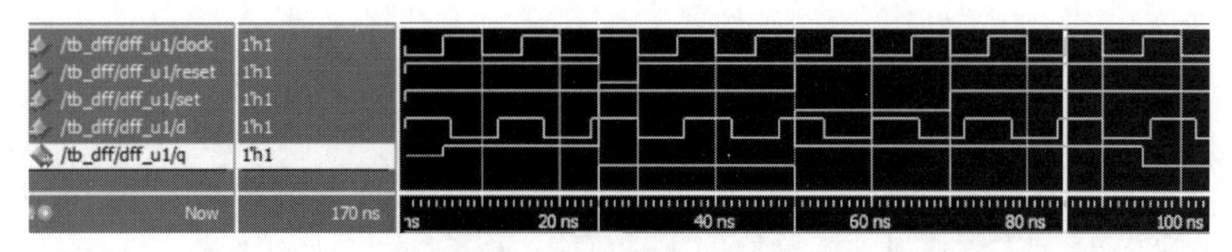

图 15-1　D触发器仿真波形

误，可以证明设计模块的正确性。

以上的过程是一个完整的设计流程，其实一开始的设计说明并不会像表 15-1 那么详细，只有功能描述，端口细节一般不会确定，在代码最终定型后，才会写出像表 15-1 的代码说明书，供使用者查阅。不过，为了让整体流程更加清晰，把代码说明书放在最前面并做了简化，后面的示例也会按此流程来介绍。

如果把 always 的敏感列表修改一下，则可以得到同步复位、同步置位的 D 触发器，参考代码如下，仅列出必要的部分：

```
always @(posedge clock)
begin
  if(reset == 0)
    q<= 0;
  else if (set == 0)
    q<= 1;
  else
    q<= d;
end
```

JK 触发器也是经常使用的，其设计说明如表 15-2 所示。

表 15-2　JK 触发器设计说明

模块名称	JK 触发器		
端口描述	名　　称	宽　　度	说　　明
	clock	1bit	输入端，时钟信号
	j	1bit	输入端，触发器驱动信号
	k	1bit	输入端，触发器驱动信号
	q	1bit	输出端，输出数据
功能描述	① 当 clock 上升沿时，若 j 为 0，k 为 0，则 q 保持不变		
	② 当 clock 上升沿时，若 j 为 0，k 为 1，则 q 变为 0		
	③ 当 clock 上升沿时，若 j 为 1，k 为 0，则 q 变为 1		
	④ 当 clock 上升沿时，若 j 为 1，k 为 1，则 q 取反		

参考表 15-2 的端口和功能，其模型代码如下：

```
module jkff_1(clock,j,k,q);
input clock,j,k;
output q;
```

```
reg q;

always @(posedge clock)
begin
  case({j,k})
  2'b00:q<=q;
  2'b01:q<=0;
  2'b10:q<=1;
  2'b11:q<=~q;
  default:q<=1'bx;
  endcase
end

endmodule
```

上述代码是由 case 语句完成的，使用 if 语句同样可以完成，代码如下：

```
module jkff_2(clock,j,k,q);
input clock,j,k;
output q;
reg q;

always @(posedge clock)
begin
  if(j==1 && k==1)
    q<=~q;
  else if(j==0 && k==1)
    q<=0;
  else if(j==1 && k==0)
    q<=1;
  else
    q<=q;
end

endmodule
```

测试模块非常简单，没有设置 reset 端，所以依次给出 jk 信号即可，书中不再赘述。仿真后可得图 15-2 所示的仿真波形图，从光标处开始向右，依次可以在上升沿得到 jk 的四种取值情况，同时把两个模型的输出信号放在一个波形中输出，互相印证，图中的两个信号完全相同，且功能正确。

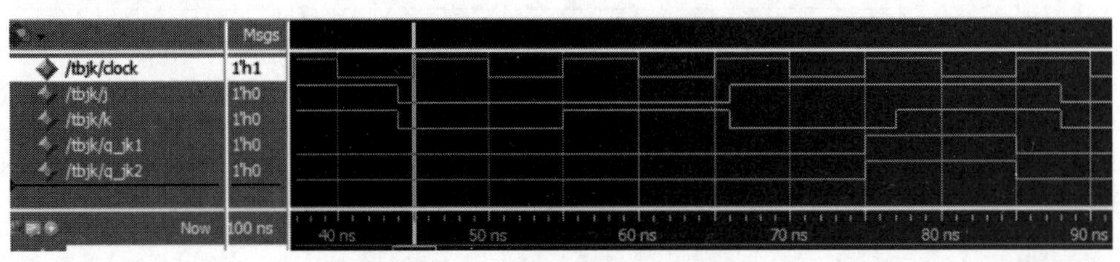

图 15-2 JK 触发器仿真波形图

移位寄存器也是基本电路之一，其设计说明如表15-3所示。

表15-3　移位寄存器设计说明

<table>
<tr><td>模块名称</td><td colspan="3">移位寄存器</td></tr>
<tr><td rowspan="5">端口描述</td><td>名　称</td><td>宽　度</td><td>说　明</td></tr>
<tr><td>clock</td><td>1bit</td><td>输入端，时钟信号</td></tr>
<tr><td>reset</td><td>1bit</td><td>输入端，复位信号，低电平有效</td></tr>
<tr><td>d</td><td>1bit</td><td>输入端，输入数据</td></tr>
<tr><td>q0～q3</td><td>1bit</td><td>输出端，输出数据</td></tr>
<tr><td rowspan="2">功能描述</td><td colspan="3">① 当reset下降沿时，q0～q3清零</td></tr>
<tr><td colspan="3">② 当reset为1时，每当clock上升沿出现，则q0得到d值，q1得到q0值，q2得到q1值，q3得到q2值，原q3值消失</td></tr>
</table>

参考代码如下，换一种声明风格：

```
module shifter(  input   clock,
                 input   reset,
                 input   d,
                 output reg q0,q1,q2,q3
                 );
always @(posedge clock or negedge reset)
if (!reset)
    {q3,q2,q1,q0}<= 4'b0000;
else
begin
    q3 <= q2;
    q2 <= q1;
    q1 <= q0;
    q0 <= d;
end

endmodule
```

代码功能一目了然，由于过于简单，不附加测试模块和仿真波形。

使用移位寄存器可以方便地生成多种反馈结构，只需要把相应的寄存器输出端加上组合逻辑电路即可，例如想要得到图15-3所示的反馈结构，就可以借助assign来实现。

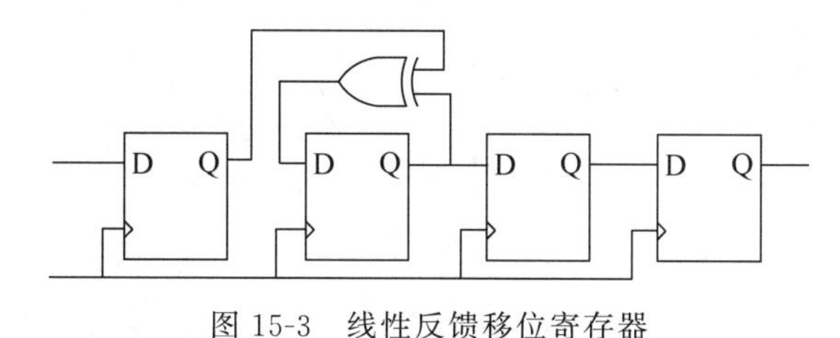

图15-3　线性反馈移位寄存器

```
module LFSR(  input   clock,
              input   reset,
              input   d,
```

```
            output reg 0,q1,q2,q3
            );
reg q0,q1,q2;
assign  f1 = q0^q1;                         //生成反馈
always @(posedge clock or negedge reset)
if (!reset)
    {q3,q2,q1,q0}<= 4'b0000;
else
begin
    q3 <= q2;
    q2 <= q1;
    q1 <= f1;                               //输入寄存器
    q0 <= d;
end

endmodule
```

该类线性反馈移位寄存器的写法大致类似，只要确定了反馈函数，就可以采用代码中给出的方式编写模块。

在电路中还会用到另一种存储数据的结构，即随机存取存储器，也就是 RAM。RAM 设计说明如表 15-4 所示。

表 15-4 随机存取存储器 RAM 设计说明

模块名称	随机存取存储器 RAM		
端口描述	名　称	宽　度	说　明
	clock	1bit	输入端，时钟信号
	cs	1bit	输入端，片选信号，高电平有效
	rw	1bit	输入端，读写控制，1 表示读，0 表示写
	addr	8bit	输入端，地址端口
	data	16bit	双向端，数据端口
功能描述	① 当 cs 为 1 时，若 rw 为 0，则在上升沿时把数据输入指定的地址单元		
	② 当 cs 为 1 时，若 rw 为 1，则读取指定地址单元的数据		

设计模块代码如下：

```
module RAM(clk, addr, data, rw, cs);
parameter addr_size = 8;
parameter word_size = 16;

input  clk, rw, cs;
input  [addr_size - 1:0] addr;
inout  [word_size - 1:0] data;                       //双向端口，也可设为两个单向

reg [word_size - 1:0] mem[0:(1 << addr_size) - 1];    //存储体

always @(posedge clk)                                //写入控制
```

```
if(cs == 1 && rw == 0)
  begin
    mem[addr]<= data;
  end

assign data = (cs&rw)?mem[addr]:16'hzzzz;          //读出控制

endmodule
```

RAM 单元的测试模块主要注意控制地址，先要在一定的地址范围内输入数据，然后读取相应的地址单元以获取数据。同时，对于双向端口 inout 的使用和仿真是第一次出现，参考测试模块如下：

```
module test_RAM;
reg clk, rw, cs;
reg  [7:0] addr;
wire  [15:0] data_wire;                          //用于 inout 端口
reg    [15:0] data_reg;                          //用于 inout 端口
integer  n;

initial clk = 0;
always #5 clk = ~clk;
//inout,为 0 时由 data_reg 提供数据,为 1 时释放回初始态
assign  data_wire = rw ? 16'hzzzz : data_reg;

initial
begin
    n = 0;cs = 1;
    @(negedge clk);                              //对齐边沿
    repeat (10)                                  //写入 10 个数值,供示例使用
    begin
        rw = 0;
        addr = n;                                //地址依次加一
        data_reg = $random;                      //数据随机
        n = n + 1;
        # 10;
    end

    #10 ;
    n = 0;cs = 1;rw = 1;                         //改变控制信号
    repeat (10)
    begin
        addr  =  n;                              //重新从 0 开始提供地址
        n = n + 1;
        #10;
    end
    #10 $stop;
end

RAM ram_u1(clk, addr, data_wire, rw, cs);        //用 data_wire 连接

endmodule
```

测试模块编译后可进行仿真，得到仿真波形图。图 15-4 所示为 rw 为 0 时的波形，addr 依次从 0 到 9，data 随机得到 10 个数值，为了方便观察，所有数据均在下降沿给出，而 RAM 模块在上升沿读取。存储器内部数据也可以在仿真工具中读出，如图 15-5 所示。

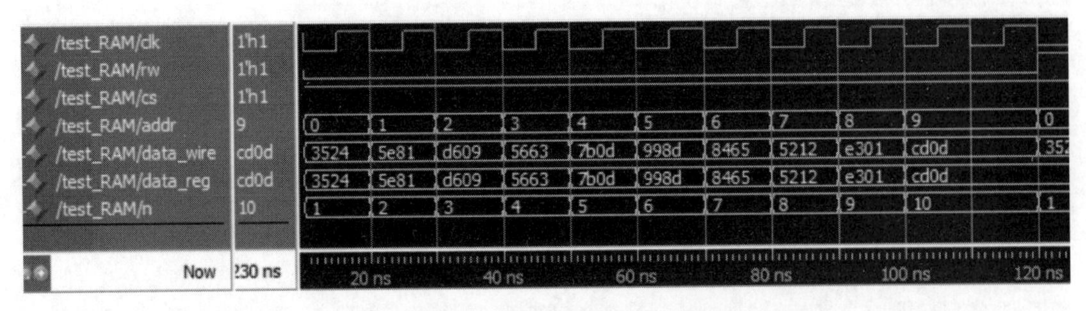

图 15-4　写入数据时的仿真波形图

图 15-5　存储器数据

写入 10 个数据后，重置地址，开始读出数据，如图 15-6 所示。由于读取数据直接使用了 assign 表示的组合逻辑，所以不受时钟沿影响，可以看到每当地址发生变化时，数据就会被读出，可以和图 15-4、图 15-5 对照，读取的数据无误，验证成功。

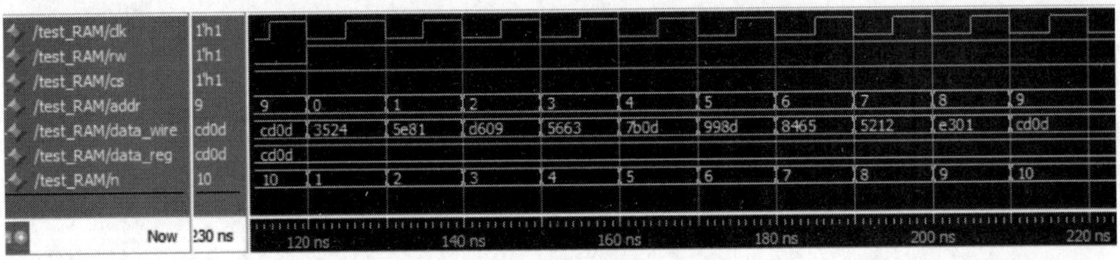

图 15-6　读出数据时的仿真波形图

15.2　编解码器

编解码器部分主要介绍三个模块：优先编码器、3-8 译码器和显示译码器。优先编码器的设计说明如表 15-5 所示。

表 15-5　优先编码器设计说明

模块名称	优先编码器		
端口描述	名　称	宽　度	说　明
	i	8bit	输入端,待编码数据
	y	3bit	输出端,编码结果
	none	1bit	输出端,标志位,输入有效时为0,无输入时为1
功能描述	① 当i中某一位为1时,y输出该位的编码结果,none输出0		
	② 当i全为0时,y输出111,none输出1		

参考代码如下:

```
module encoder(i,y,none);
input [7:0] i;
output [2:0] y;
output none;
reg [2:0] y;
reg none;

always @(i)
begin
  if(i[7])  y = 3'b111;                //正常输出
  else if(i[6])  y = 3'b110;
  else if(i[5])  y = 3'b101;
  else if(i[4])  y = 3'b100;
  else if(i[3])  y = 3'b011;
  else if(i[2])  y = 3'b010;
  else if(i[1])  y = 3'b001;
  else if(i[0])  y = 3'b000;
  else  y = 3'b111;                    //当i全为0时输出111
end

always @(i)
if(i == 8'd0)  none = 1;               //因为有两种情况输出111,需附加标志位来区分
else none = 0;

endmodule
```

编写测试模块,参考代码如下:

```
module test_encoder;
reg [7:0] i;
wire [2:0] y;
wire none;

initial
begin
    i = 8'b0000_0001;
    wait(i == 8'b0000_0000);           //判断何时停止,当1移动消失后,所有测试结束
```

```
    #10 $stop;
  end
  always #10 i = i << 1;

  encoder encoder_u1(i,y,none);

  endmodule
```

可得图 15-7 所示的仿真结果，为了显示更清晰，采用十六进制显示输入的 i 值。从仿真波形中可以看到，正常的编码过程和无输入时的 none 信号变化都满足要求。

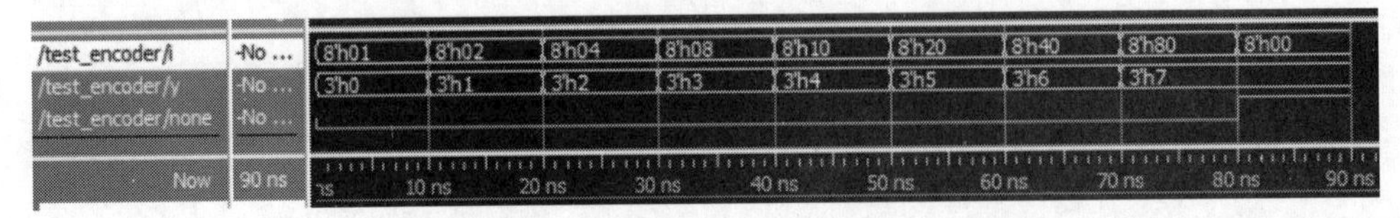

图 15-7　优先编码器仿真波形图

译码器就是将每个输入的二进制代码信号翻译成对应的输出高、低电平信号，与编码器的过程相逆。编写 3-8 译码器代码如下：

```
module decoder(a,y);
input [2:0] a;
output [7:0] y;
reg [7:0] y;

always @(a)
begin
  case(a)                      //每种输入都会有对应译码,所以不需标志位
  3'd0: y = 8'b1111_1110;
  3'd1: y = 8'b1111_1101;
  3'd2: y = 8'b1111_1011;
  3'd3: y = 8'b1111_0111;
  3'd4: y = 8'b1110_1111;
  3'd5: y = 8'b1101_1111;
  3'd6: y = 8'b1011_1111;
  3'd7: y = 8'b0111_1111;
  default:y = 8'b1111_1111;    //这种情况其实不会发生
  endcase
end

endmodule
```

由于实验中已经安排了 3-8 译码器的内容，所以此处不再赘述。

另外还有一种译码器比较常用，就是七段数码管显示译码器（其设计说明见表 15-6，其引脚图见图 15-8）。七段数码管显示部分有 abcdefg 七个输入端，分别对应数码管的七段显示灯，根据驱动信号的不同可以分为共阴极和共阳极两种。共阴极数码管的所有低电平端连接

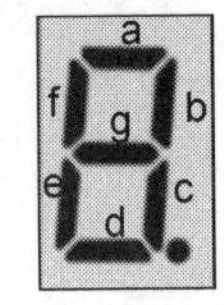

图 15-8　七段数码管引脚图

在一起，想要让数码管产生显示，需要施加高电平输入，共阳极数码的所有高电平端连接在一起，输入低电平信号时产生显示输出。正常情况下一个七段数码管可以显示 0～15 的输出信号（十六进制下）。

表 15-6　七段数码管显示译码器设计说明

模块名称	七段数码管显示译码器		
端口描述	名　　称	宽　　度	说　　明
	bcd	4bit	输入端，待显示的二进制数据
	sevenout	7bit	输出端，编码结果，用于驱动七段数码管，共阳极
功能描述	当 bcd 端输入数据时，输出七段数码管的驱动信号		

该共阳极七段数码管显示译码器模块代码如下：

```
module dis_seven(bcd,sevenout);
input [3:0] bcd;
output [6:0] sevenout;

reg [6:0] sevenout;

always @(bcd)
begin
  case(bcd)
  4'b0000:sevenout = 7'b100_0000;
  4'b0001:sevenout = 7'b111_1001;
  4'b0010:sevenout = 7'b010_0100;
  4'b0011:sevenout = 7'b011_0000;
  4'b0100:sevenout = 7'b001_1001;
  4'b0101:sevenout = 7'b001_0010;
  4'b0110:sevenout = 7'b000_0010;
  4'b0111:sevenout = 7'b111_1000;
  4'b1000:sevenout = 7'b000_0000;
  4'b1001:sevenout = 7'b001_0000;
  4'b1010:sevenout = 7'b000_1000;          //10 以后按 a～f 显示
  4'b1011:sevenout = 7'b000_0011;          //具体显示信息可以自设
  4'b1100:sevenout = 7'b100_0110;          //例如 c 可以小写也可以大写
  4'b1101:sevenout = 7'b010_0001;
  4'b1110:sevenout = 7'b000_0110;
  4'b1111:sevenout = 7'b000_1110;
  default:sevenout = 7'b000_0110;
  endcase
end

endmodule
```

由于七段数码器的显示在仿真波形中并不直观，本例中不进行仿真测试。如果读者有 FPGA 开发板，可以结合开发板上的数码管来使用本模块。

15.3 计数器

计数器介绍两类，一类是普通的二进制循环计数器，单纯采用二进制计数，所以设计简单，但是输出值也是二进制，不方便观看；另一类是BCD码输出，方便观看，但是内部计数循环需要设计。

二进制循环计数器设计说明如表15-7所示，由于设计简单，增加了部分额外功能。

表15-7 二进制循环计数器设计说明

模块名称	二进制循环计数器		
端口描述	名　称	宽　度	说　明
	clk	1bit	输入端，时钟信号
	reset	1bit	输入端，复位信号，同步信号，高电平有效
	load	1bit	输入端，载入信号，高电平有效
	up_down	1bit	输入端，控制信号，为1时向上计数，为0时向下计数
	d	8bit	输入端，设置预置数值
	q	8bit	输出端，数据计数值
功能描述	① 在clk上升沿时，若reset=1，则q端输出0		
	② 在clk上升沿时，若reset=0，load=1，则q输出d的预置数值		
	③ 在clk上升沿时，若reset=0，load=1，up_down=1，则做加一计数		
	④ 在clk上升沿时，若reset=0，load=1，up_down=0，则做减一计数		

该计数器的设计模块代码如下：

```
module counter(d,clk,reset,load,up_down,q);
input [7:0] d;
input clk,reset,load;
input up_down;
output [7:0] q;
reg [7:0] q;

always @(posedge clk)
begin
  if (reset) q = 8'h00;              //复位
  else if (load) q = d;              //载数
  else if (up_down) q = q + 1;       //向上计数
  else q = q - 1;                    //向下计数
end

endmodule
```

在测试模块中，除了正常的clk和reset信号外，需要对load和up_down信号做赋值，部分参考代码如下：

```
initial
begin
  load = 0;d = 8'd88;                    //设置初始值
  up_down = 1;                           //进行加法计数
   #200 load = 1;                        //载数
   #10 load = 0;
   #100 up_down = 0;                     //减法计数
   #200 $ stop;
end
```

运行仿真，验证各功能。图 15-9 显示的是正常计数过程，此时 load 为 0，up_down 为 1，可见 q 端每周期做加一计数。图 15-10 显示了装载预置数值和减法计数过程，load 出现一个高电平脉冲，把 d 端的数值 88 读出到 q 端，然后继续加法计数，当 up_d 变为 0 后，q 端每周期做减一计数，功能正确。

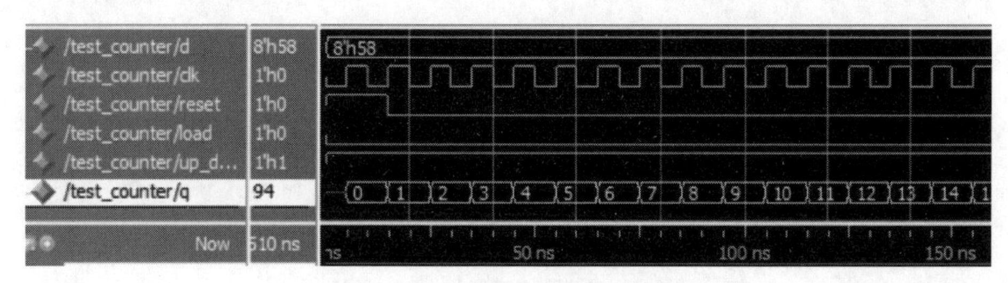

图 15-9　正常计数的仿真波形图

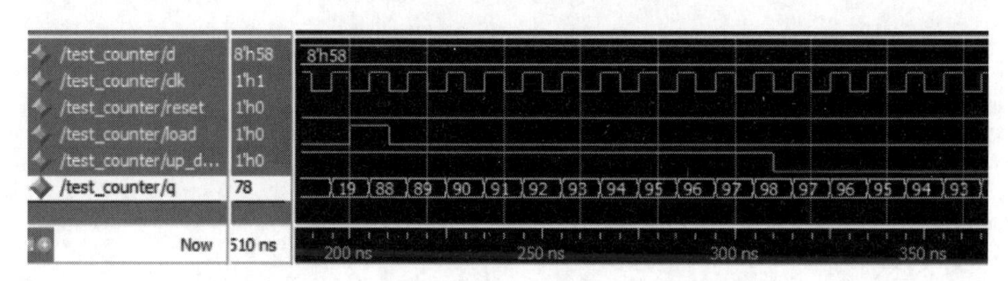

图 15-10　预置数值和减法计数的仿真波形图

BCD 码计数器的设计说明如表 15-8 所示。

表 15-8　BCD 码计数器设计说明

模块名称	BCD 码计数器		
端口描述	名　　称	宽　　度	说　　明
	clk	1bit	输入端，时钟信号
	reset	1bit	输入端，复位信号，同步信号，高电平使能
	load	1bit	输入端，载数信号，同步信号，高电平有效
	run	1bit	输入端，控制信号，同步信号，高电平有效
	data	8bit	输入端，预置数值，高低 4 位各预置一个 BCD 码
	cout	1bit	输出端，进位输出端
	qout	8bit	输出端，高低 4 位各输出一个 BCD 码计数值

续表

模块名称	BCD 码计数器
功能描述	① 当 reset=1 时,在时钟上升沿,qout 清零
	② 当 reset=0,load=1 时,在时钟上升沿,qout 输出 data 预置数值
	③ 当 reset=0,load=0,run=1 时,在时钟上升沿正常计数,qout 高低 4 位各输出一个 BCD 码,从 00 计数到 59
	④ 在计数到 59 时,cout 输出 1,其余情况下,cout 输出 0

参考代码如下：

```
module counter_BCD(qout,cout,data,load,run,reset,clk);
output [7:0] qout;
output cout;
input [7:0] data;
input load,run,clk,reset;
reg [7:0] qout;

always @(posedge clk)
begin
  if (reset) qout <= 0;                          //复位
  else if(load) qout <= data;                    //载数
  else if(run)
  begin
    if(qout[3:0] == 9)
    begin
      qout[3:0]<= 0;                             //低 4 位循环
      if (qout[7:4] == 5)                        //从此行开始
        qout[7:4]<= 0;
      else
        qout[7:4]<= qout[7:4] + 1;               //到此行结束,完成的是高 4 位 0~5 的循环
    end
    else
      qout[3:0]<= qout[3:0] + 1;                 //低 4 位加 1
  end
end

assign cout = ((qout == 8'h59)&run)?1:0;         //进位输出

endmodule
```

测试模块代码与二进制计数器相似,仅给出控制信号部分。

```
initial
begin
  load = 0;data = 8'h30;run = 1;
  #650 load = 1;
  #10 load = 0;
  #100 $stop;
end
```

运行仿真后可以得到图 15-11 所示的波形图，采用十六进制显示，可以看到 BCD 码的输出值，qout 计数到 59 时，cout 输出变为 1，随后回到 0；load 信号为 1 时，在 clk 边沿 qout 输出 data 预置的 30，开始从 30 计数，功能正常。

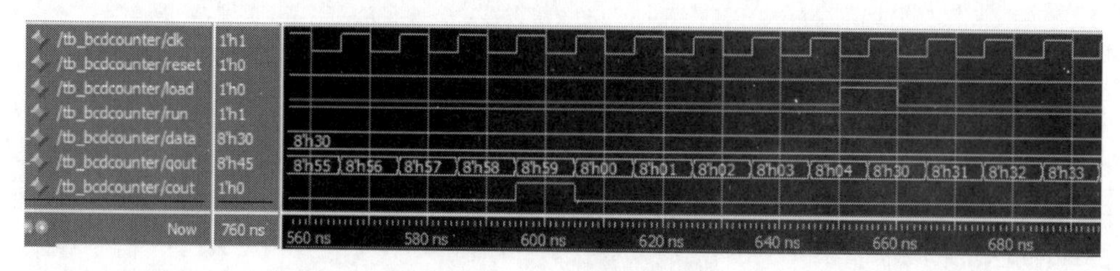

图 15-11 仿真波形图

15.4 分频器

分频器的功能是将频率变小，例如一个 100MHz 的时钟信号，经过二分频电路，得到的是 50MHz 的时钟；经过四分配电路，得到的是 25MHz 的时钟，以此类推。由于时钟源的频率固定，且一般与所需时钟频率不符，多通过分频器变为所需的时钟频率信号。

分频器电路的输入是待分频时钟，输出是分频后的时钟，所以不附加表格。二分频电路是最简单的，代码如下：

```
module div_clk_2(clk_in,reset,clk_out);
input clk_in,reset;
output clk_out;
reg clk_out;

always @(posedge clk_in)
if(~reset)
  clk_out <= 0;
else
  clk_out <= ~clk_out;

endmodule
```

二分频电路所要做的只是在每次 clk_in 变化时改变一次 clk_out 值，这样每经过两个时钟周期，clk_out 值就完成一次循环，即二分频。如果要完成其他数值的分频电路，可以配合使用计数器来处理，下面的代码就是一个可以修改参数的 2n 分频计数器：

```
module div_clk_2n(clk_in,reset,clk_out);
input clk_in,reset;
output clk_out;
reg clk_out;
reg [width(n) - 1:0] count;              //用函数定义位宽，避免每次修改 n 时都要修改宽度
```

```
parameter n = 4;                              //可修改参数,本例中为 4

always @(posedge clk_in)                      //计数器,0～n-1 计数循环
if(~reset)
  count <= 0;
else if(count == n-1)
  count <= 0;
else
  count <= count + 1;

always @(count)                               //每次 count 变化
if(~reset)
  clk_out = 0;
else if(count == n-1)                         //如果计数器量程已满,就改变 clk_out 值
  clk_out = ~clk_out;
else
  clk_out = clk_out;

function integer width;                       //常量函数,计算 n 所需的位宽,也可以直接写出 n
input integer size;
begin
  for(width = 0;size > 0;width = width + 1)
    size = size >> 1;
end
endfunction

endmodule
```

该代码的主要功能在注释部分都已经给出。

三分频电路参考模块如下：

```
module div_clk_3(clk_in,reset,clk_out);
input clk_in,reset;
output clk_out;
reg [1:0] temp1, temp2;

always @(posedge clk_in)                      //此段上升沿
if(!reset)
  temp1 <= 3'b000;
else
begin
  case (temp1)
  2'b00: temp1 <= 2'b01;
  2'b01: temp1 <= 2'b10;
  2'b10: temp1 <= 2'b00;
  default :temp1 <= 2'b00;
  endcase
end
```

```
always @(negedge clk_in)                    //此段下降沿
if(!reset)
  temp2 <= 3'b000;
else
begin
  case (temp2)
  2'b00: temp2 <= 2'b01;
  2'b01: temp2 <= 2'b10;
  2'b10: temp2 <= 2'b00;
  default :temp2 <= 2'b00;
  endcase
end

assign clk_out = ~(temp1[1]|temp2[1]);    //输出

endmodule
```

把此段代码作简单修改还可以变为五分频模块，修改后代码如下：

```
module div_clk_5(clk_in,reset,clk_out);
input clk_in,reset;
output clk_out;
reg [2:0] temp1, temp2;

always @(posedge clk_in)
if(!reset)
  temp1 <= 3'b000;
else
begin
  case (temp1)
  3'b000: temp1 <= 3'b001;
  3'b001: temp1 <= 3'b011;
  3'b011: temp1 <= 3'b100;
  3'b100: temp1 <= 3'b010;
  3'b010: temp1 <= 3'b000;
  default:temp1 <= 3'b000;
  endcase
end

always @(negedge clk_in)
if(!reset)
  temp2 <= 3'b000;
else
begin
  case (temp2)
  3'b000: temp2 <= 3'b001;
  3'b001: temp2 <= 3'b011;
  3'b011: temp2 <= 3'b100;
  3'b100: temp2 <= 3'b010;
```

```
    3'b010: temp2 <= 3'b000;
    default:temp2 <= 3'b000;
    endcase
  end

  assign clk_out = temp1[0]|temp2[0];

  endmodule
```

采用一个测试模块，对二分频、三分频和五分频模块进行测试，所得仿真波形如图 15-12 所示，功能清晰且正确。

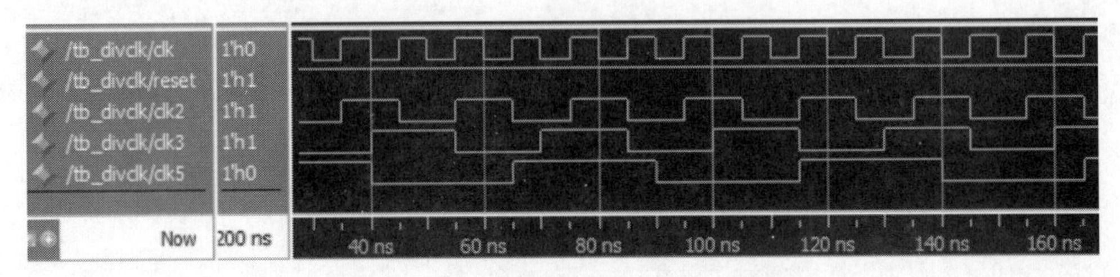

图 15-12　三种分频模块的仿真波形图

15.5　乘法器

乘法器是很多功能电路的组成部分，其性能也是众多设计者研究的重点。在 Verilog 代码中，即使写一行 c=a * b 也可以被综合工具识别，而且综合工具对乘法器都有自己的设计，例如 Quartus Prime 可以调用 IP 核来实现低宽度的乘法器，Synopsis 可以根据约束参数来调用不同结构的乘法器，有关此问题的知识可以查阅相关资料。表 15-9 为 booth 乘法器设计说明。

表 15-9　booth 乘法器设计说明

模块名称	booth 乘法器		
端口描述	名　称	宽　度	说　明
	clock	1bit	输入端，时钟信号
	reset	1bit	输入端，复位信号，异步复位，低电平有效
	m1	4bit	输入端，被乘数
	m2	4bit	输入端，乘数
	result	8bit	输出端，乘法结果
功能描述	① 当 reset 出现下降沿时，输出端清零		
	② 当 reset 为 1 时，执行乘法计算，result 输出 m_1 与 m_2 的乘积		

booth 算法根据数据每次最后两位的值来进行判断，可能会执行三种操作：01 时运算结果做加法操作，10 时运算结果做减法操作，00 和 11 时不作处理，并配以移位操作，最终计

算得到有符号数的乘法结果。参考代码如下：

```
module mult_booth(result,reset,clock,m1,m2);
parameter n = 4;

input clock,reset;
input [n - 1:0] m1,m2;
output [2 * n - 1:0] result;
reg  [2 * n - 1 : 0] result;

reg [n - 1:0] m1_reg,m2_reg;                    //此段定义一些中间寄存器
reg  aid ;
reg  [n - 1 : 0] result_tmp;
reg  [n - 1 : 0] m1_tmp;
integer i;

always @(posedge clock or negedge reset)        //接收数值
if(!reset)
  begin
    m1_reg <= 0;
    m2_reg <= 0;
  end
else
  begin
    m1_reg <= m1;
    m2_reg <= m2;
  end

always @ ( * )
  begin
    for(i = 0 ; i <= n ; i = i + 1)             //主循环
    begin
      if(i == 0)
      begin
          aid = 0 ;                         //附加位,booth算法需要在被乘数的右侧添加一位0
          result_tmp = 0 ;
          m1_tmp = m1_reg ;
      end
      else
      begin
          case({m1_tmp[0], aid})
          2'b00,2'b11:
          begin                             //00 和 11 时只做移位操作
              aid = m1_tmp[0] ;
              m1_tmp = {result_tmp[0], m1_tmp[n - 1 : 1]} ;
              result_tmp = {result_tmp[n - 1], result_tmp[n - 1 : 1]} ;
          end
          2'b01:
          begin                             //01 时加部分和,然后移位
```

```
                result_tmp = result_tmp + m2_reg ;
                aid = m1_tmp[0] ;
                m1_tmp = {result_tmp[0], m1_tmp[n-1 : 1]} ;
                result_tmp = {result_tmp[n-1], result_tmp[n-1 : 1]} ;
            end
            2'b10:
            begin                            //10 时减部分和,然后移位
                result_tmp = result_tmp + ~m2_reg + 1'b1 ;
                aid = m1_tmp[0] ;
                m1_tmp = {result_tmp[0], m1_tmp[n-1 : 1]} ;
                result_tmp = {result_tmp[n-1], result_tmp[n-1 : 1]} ;
            end
            default:
            begin
                aid = 1'b0 ;
                result_tmp = 0 ;
                m1_tmp = 0 ;
            end
          endcase
        end
      end
    end

  always @(posedge clock or negedge reset)   //输出最后结果
      if(!reset)
          result <= 0 ;
      else if(m1_reg[n-2:0] == 0 || m2_reg[n-2:0] == 0)
          result <= 0 ;
      else
          result <= {result_tmp, m1_tmp} ;

  endmodule
```

添加测试模块,给出数据m1和m2,仿真可得如图15-13所示的仿真波形图。在波形图中,数值显示为有符号数形式,输出结果与输入数据能够一一对应,功能正确。

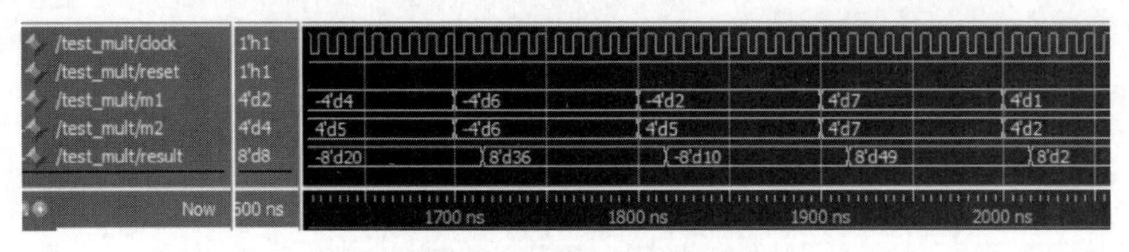

图15-13 booth乘法器仿真波形图

第16章

代码范例——提高篇

在本章中，代码难度相较于第15章会有所增加，设计的对象多是一些稍复杂的控制关系，需要对设计对象的工作原理十分清晰，同时请注意观察代码设计风格的一些共通性，对代码风格有一定的指导意义。

16.1 同步FIFO

先进先出(First Input First Output，FIFO)存储器是常用的一类存储器，其功能是完成输入端数据和输出端数据的缓冲操作。在实际应用中，如果两个数据端口的读写速度不匹配，就需要在两端口之间使用FIFO连接，把数据从输入端口传进FIFO并保存，等待输出端口取走数据，从而保证数据传输的正确性。

FIFO有同步和异步之分，其中同步FIFO较为简单，同时仅进行单一的读操作或写操作。为了完成FIFO的功能，除了必要的端口外，还需要辅助一些额外的标志位，其端口说明如表16-1所示。

表16-1 同步FIFO设计说明

模块名称	同步FIFO		
端口描述	名　称	宽　度	说　明
	clk	1bit	输入端，时钟信号
	rst	1bit	输入端，复位信号，异步信号，低电平使能
	wr	1bit	输入端，写控制信号，高电平有效
	rd	1bit	输入端，读控制信号，高电平有效
	data_in	8bit	输入端，数据输入端口
	data_out	8bit	输出端，数据输出端口
	full	1bit	输出端，满标志，1表示存储器已满
	empty	1bit	输出端，空标志，1表示存储器已空

续表

模块名称	同步 FIFO
功能描述	① 当 rst 低电平时，整个 FIFO 回到初始状态
	② 正常工作时，当 wr 为 1 时，则在 data_in 端口向 FIFO 写入数据，当 rd 为 1 时，则在 data_out 端口从 FIFO 读出数据
	③ 当 FIFO 内部数据已经存满时，full 变为 1，不接受继续写入数据，如果新数据继续送入，则会丢失，存储器不保存
	④ 当 FIFO 内部数据已经读空时，empty 变为 1，不接受继续读出数据，输出数据维持最后一个数据不变

根据同步 FIFO 功能和设计说明，模块的参考代码如下：

```
module fifo(data_in, rd, wr, rst, clk, data_out, full, empty);
input [7:0] data_in;
input rd, wr, rst, clk;
output [7:0] data_out;
output full, empty;
wire [7:0] data_out;

reg full_in, empty_in;
reg [7:0] mem [15:0];
reg [3:0] rp, wp;                                   //读写指针

assign full = full_in;
assign empty = empty_in;
assign data_out = mem[rp];

always@(posedge clk)                                //正常写入数据
if(wr && ~full_in)
  mem[wp]<= data_in;

always@(posedge clk or negedge rst)                 //写指针控制
begin
  if(!rst) wp <= 0;
    else
    begin
      if(wr && ~full_in)
        wp <=  wp + 1'b1;
    end
end

always@(posedge clk or negedge rst)                 //读指针控制
begin
if(!rst)
  rp <= 0;
else
  begin
    if(rd && ~empty_in) rp <= rp + 1'b1;
```

```
    end
  end

  always@(posedge clk or negedge rst)                              //写满状态控制
  begin
    if(!rst)
      full_in<=1'b0;
    else
    begin
      if( (~rd && wr)&&((wp==rp-1)||(rp==4'h0&&wp==4'hf)))      //两种情况下
        full_in<=1'b1;
      else if(full_in && rd)                                      //注意满信号的及时还原
        full_in<=1'b0;
    end
  end

  always@(posedge clk or negedge rst)                              //读空状态控制
  begin
    if(!rst) empty_in<=1'b1;
    else
    begin
      if((rd&&~wr)&&(rp==wp-1 || (rp==4'hf&&wp==4'h0)))          //两种情况下
        empty_in<=1'b1;
      else if(empty_in && wr)                                     //注意空信号的及时还原
        empty_in<=1'b0;
    end
  end

  endmodule
```

针对待验证功能，编写测试模块验证同步 FIFO 的正确性，参考代码如下：

```
module tbfifo;
reg clk;
reg rst;
reg wr;
reg rd;
reg [7:0]data_in;
wire [7:0]data_out;
wire full,empty;

integer i;                                                         //循环变量

always #10 clk=~clk;
initial
begin
    clk=0;
    rst=0;
    #100 rst=1;                                                    //复位结束
```

```
    wr = 1;
    rd = 0;                                        //先写入,不读,测试正常写入和空信号
    data_in[7:0] = 8'b10101010;
    #20 data_in[7:0] = 8'b11001100;
    #20 data_in[7:0] = 8'b11111111;                //手动输入几个数值
    #20 wr = 0;
        rd = 1;                                    //一直读,读空,测试空信号
    #120 rd = 0;

    rst = 0;
    #100 rst = 1;
    wr = 1;
    rd = 0;                                        //准备连续写入,测试满信号
    for(i = 0;i < 16;i = i + 1)
      begin
        #20 data_in[7:0] = $random;                //使用随机函数生成数据,for 循环赋值
      end
    #1000 wr = 0;
    #10 rd = 1;                                    //写满后,全部读出,观察数据一致性
    #2000 $stop;
end

fifo my_fifo(.data_in(data_in), .rd(rd), .wr(wr), .rst(rst), .clk(clk),
            .data_out(data_out), .full(full), .empty(empty));

endmodule
```

运行仿真得到图 16-1 所示的波形图,在开始阶段完成三个数据的写入,空状态消失,再读出这三个数据,产生空状态输出。随后写信号 wr 生效,开始持续写入数据,由于同步 FIFO 中只定义了 16 个 8 位的存储单元,所以在随机写入 16 个数据后满状态产生输出,表示此时同步 FIFO 内部已满。

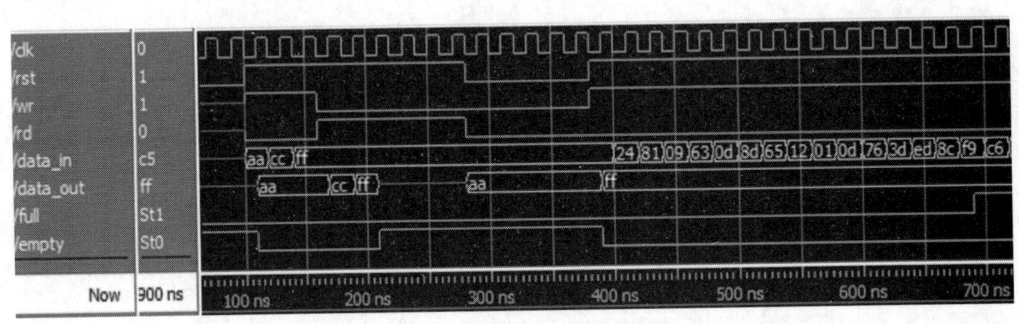

图 16-1　同步 FIFO 仿真波形图

当同步 FIFO 写满后,开始连续读出,得到波形图如图 16-2 所示,此时 data_out 的输出结果与图 16-1 的 data_in 的数据完全一致,证明了存储数据的正确性。如果使用仿真器中的存储器窗口,借助步进操作,还可以进一步观察每一个数据的存入和写出过程,但此过程不适于书中表述,读者可以自行验证。

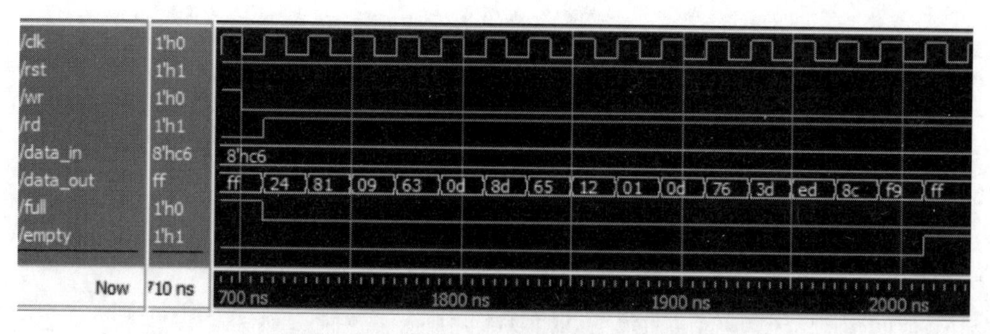

图 16-2　同步 FIFO 连续读出波形图

16.2　堆栈

与 16.1 节的 FIFO 相反，堆栈是一种先进后出的存储器，被广泛用于保护断点和现场的操作。根据其工作原理，可得如表 16-2 所示的功能说明。

表 16-2　堆栈设计说明

模块名称	堆栈		
	名　　称	宽　　度	说　　明
端口描述	clk	1bit	输入端，时钟信号
	reset_n	1bit	输入端，复位信号，异步，低电平使能
	push	1bit	输入端，进栈信号，高电平有效
	pop	1bit	输入端，出栈信号，高电平有效
	din	8bit	输入端，数据输入端
	dout	8bit	输出端，数据输出端
	full	1bit	输出端，满标志，1 表示堆栈已满
	prefull	1bit	输出端，标志位，1 表示堆栈还有一个空闲单元
	empty	1bit	输出端，空标志，1 表示堆栈已空
	preempty	1bit	输出端，标志位，1 表示堆栈还剩一个有效单元
功能描述	① 当 reset_n 低电平时，整个 FIFO 回到初始状态		
	② 正常工作时，若 push 为 1，数据从 din 进入堆栈，若 pop 为 1，数据从 dout 读出堆栈		
	③ 当堆栈已满时，full 信号变为 1，不继续接收数据		
	④ 当堆栈已空时，empty 信号变为 1，不继续输出数据		

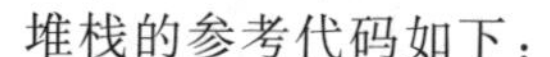

堆栈的参考代码如下：

```
`define depth 16
module stack(clk,reset_n,push,pop,din,
          full,prefull,empty,preempty,dout);                    //顶层模块
input clk,reset_n;
input push,pop;
input [7:0] din;
```

```
output full,prefull;
output empty,preempty;
output [7:0] dout;

wire [3:0] wptr,rptr;
wire npush;

assign npush = (~push | full);                                  //控制信号

stack_ctl ictl(clk,reset_n,pop,push,wptr,rptr,preempty,empty,prefull,full);
                                                                //调用控制模块
ram iram(clk,npush,pop,wptr,rptr,din,dout);                     //调用存储器

endmodule

module stack_ctl(clk,reset_n,pop,push,wptr,rptr,preempty,empty,prefull,full);
                                                                //控制模块
input clk,reset_n;
input pop,push;
output [3:0] wptr,rptr;
output preempty,empty;
output prefull,full;

reg [3:0] wptr,rptr;
reg [4:0] stack_cnt;
reg push_reg,pop_reg;

always @ (posedge clk or negedge reset_n)                       //进栈和出栈信号
begin
  if(!reset_n)
    begin
      push_reg <= 0;
      pop_reg <= 0;
    end
  else
    begin
      push_reg <= push;
      pop_reg <= pop;
    end
end

always @ (posedge clk or negedge reset_n)                       //写指针控制
if(!reset_n)
  wptr <= 4'h0;
else if (push && full == 1'b0)
  wptr <= wptr + 1;
else if (pop && empty == 1'b0)
  wptr <= wptr - 1;
else
  wptr <= wptr;
```

```
always @ (posedge clk or negedge reset_n)                    //读指针控制
if(!reset_n)
  rptr <= 4'h0;
else if (pop && rptr == 0)
  rptr <= rptr;
else if(!pop && push && !full)
  rptr <= wptr;
else if(pop && empty == 1'b0)
  rptr <= rptr - 1;
else
  rptr <= rptr;

always @ (posedge clk or negedge reset_n)                    //堆栈容量控制
begin
  if(!reset_n)
    stack_cnt <= 0;
  else
    begin
        if(empty!= 1 || full != 1)
            case({push,pop})
            2'b01:stack_cnt <= stack_cnt - 1;
            2'b10:stack_cnt <= stack_cnt + 1;
            default:stack_cnt <= stack_cnt;
            endcase
        else
            stack_cnt <= stack_cnt;
    end
end
//各种状态信号生成
assign full = (rptr == `depth - 1)?1:0;
assign prefull = (rptr == `depth - 2)?1:0;
assign empty = (stack_cnt == 0)?1:0;
assign preempty = (stack_cnt == 1)?1:0;

endmodule

module ram(clk,we,re,wptr,rptr,din,dout);                    //被控制的存储器
input clk;
input we,re;
input [3:0] wptr,rptr;
input [7:0] din;
output [7:0] dout;
reg [7:0] dout;
reg [7:0] mem [0:15];
wire [7:0] dout_tmp;

always @(posedge clk)
if(!we)
  mem[wptr]<= din;
always @(posedge clk)
```

```
    if(re)
      dout <= dout_tmp;

    assign dout_tmp = mem[rptr];
    endmodule
```

与同步 FIFO 略做区分，堆栈把存储体写在了外部，控制器和存储单元分开编写，同时增添了空和满的预报信号，最后采用层次化建模的方式合并为一个模块。测试模块与同步 FIFO 基本相似，书中不重复给出。

运行仿真可以得到图 16-3 所示的仿真波形图。在仿真的初始阶段，push 信号为 1，pop 信号为 0，此时完成进栈功能，所以提供的数据 12、34、56 依次送入堆栈中。然后 push 变为 0，pop 变为 1，此时完成出栈功能，按反顺序读出 56、34，空信号变化正常。随后完成堆栈复位，然后压入随机数，以十六进制形式显示，连续压入 16 个数据，由于最初的数据 56 会被写入第一个地址中，所以最后一个数据 c6 不会被响应，堆栈收到数据 f9 之后就会输出满信号，同时停止工作。

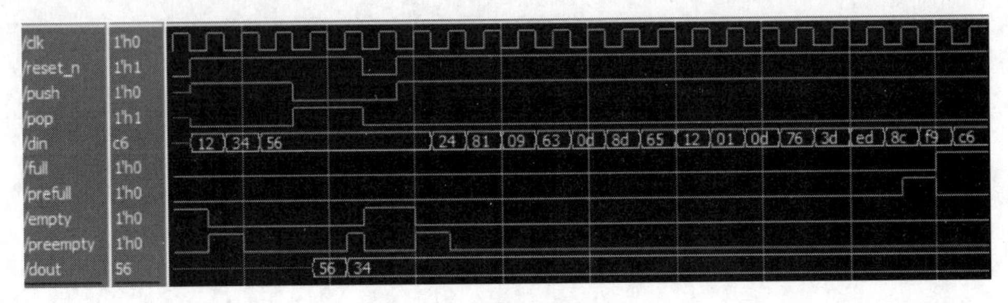

图 16-3　堆栈仿真波形图

堆栈满后开始连续读出，读到最后一个数据 56 时结束，空信号变为高电平，如图 16-4 所示，同时可与图 16-3 的输入数据对照，从 pop 信号变为高电平开始，堆栈的倒序读出功能正确。

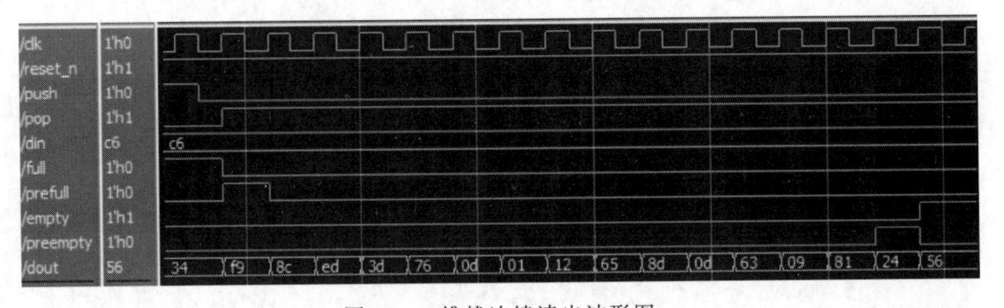

图 16-4　堆栈连续读出波形图

16.3　模乘运算

模乘运算是一种在密码运算中被广泛使用的运算，与熟知的乘法运算略有不同，模乘运算会设置一个模数 p，参与运算的数据都为 0～p－1，运算结果也为 0～p－1。举例来说，设

p 为 7,两个输入数据 a 为 4、b 为 6,则 a 和 b 的乘积为 24,因为 24 对 7 取模结果为 3(24=3×7+3,取模结果即为作商所得余数),所以 4 和 6 对 7 的模乘结果为 3。考虑到运算过程需要必要的开始和结束信号,进行表 16-3 所示的说明。

表 16-3 模乘单元设计说明

模块名称	模乘单元		
端口描述	名 称	宽 度	说 明
	clk	1bit	输入端,时钟信号
	rst_n	1bit	输入端,复位信号,异步,低电平使能
	a	32 bit	输入端,被乘数
	b	32 bit	输入端,乘数
	p	32bit	输入端,模数
	start	1bit	输入端,开始信号,高电平有效
	c	32bit	输出端,模乘结果
	done	1bit	输出端,结束信号,高电平有效
功能描述	① 当 rst_n 为 0 时,模乘单元复位		
	② 正常工作时,在 start 端给出 1 信号,同时向 a、b、p 端输入数据,开始计算模乘；当 done 信号变为高电平时,c 端输出的即为 a 和 b 对 p 的模乘结果		

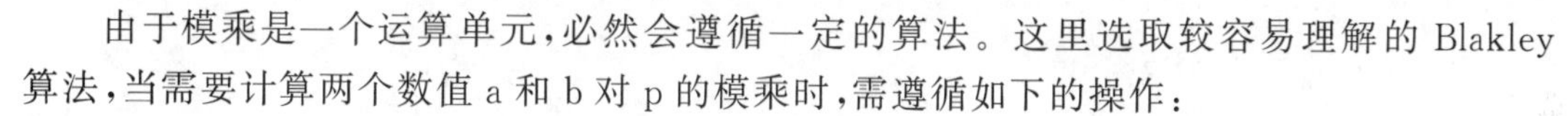

由于模乘是一个运算单元,必然会遵循一定的算法。这里选取较容易理解的 Blakley 算法,当需要计算两个数值 a 和 b 对 p 的模乘时,需遵循如下的操作:

(1) 令 c=0。

(2) 重复执行如下步骤:

① 若 $a_0=1$,则 c=c+b;

② 若 c≥p,则 c=c−p;

③ b 左移一位;

④ 若 b≥p,则 b=b−p;

⑤ a 右移一位;

⑥ 若 a 变为全 0,则进入(3),否则继续①。

(3) 输出 c,即为最后结果。

参考此算法,可以得到模乘单元的设计代码。

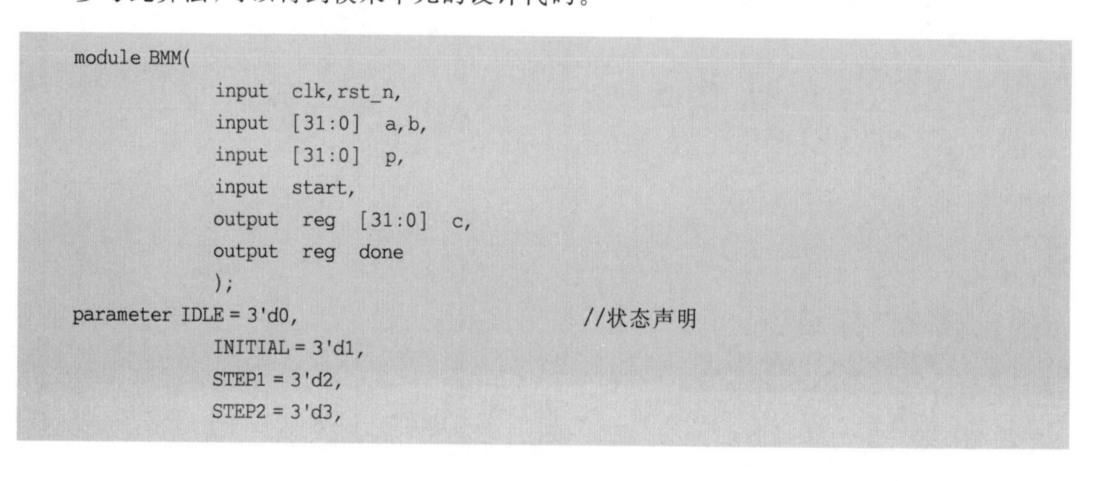

```
module BMM(
            input  clk,rst_n,
            input  [31:0]  a,b,
            input  [31:0]  p,
            input  start,
            output  reg  [31:0]  c,
            output  reg  done
            );
parameter IDLE = 3'd0,                          //状态声明
            INITIAL = 3'd1,
            STEP1 = 3'd2,
            STEP2 = 3'd3,
```

```
            STEP3 = 3'd4,
            STEP4 = 3'd5,
            FINISH = 3'd6;
reg    [2:0]  state;
reg    [31:0]  ta;
reg    [32:0]  tb,tc;                    //因为要相加和移位,所以要多留一位空间

always @(posedge clk or negedge rst_n)
begin
    if(rst_n == 1'b0)                    //复位
    begin
        c <= 32'd0;
        tc <= 33'd0;
        ta <= 32'd0;
        tb <= 33'd0;
        state <= IDLE;
    end
    else
    case(state)
    IDLE:begin
        done <= 1'b0;                    //空闲态,对 done 复位
        if(start == 1'b1)
            state <= INITIAL;
        else
            state <= IDLE;
    end
    INITIAL:begin                        //开始运算,读入临时寄存器中
        ta <= a;
        tb <= b;
        tc <= 33'd0;
        state <= STEP1;
    end
    STEP1:begin                          //对应算法中步骤①
        if(ta[0] == 1)
            tc <= tc + tb;
        state <= STEP2;
    end
    STEP2:begin                          //对应算法中步骤②和③
        if(tc > p)
            tc <= tc - p;
        tb <= tb << 1'b1;
        state <= STEP3;
    end
    STEP3:begin                          //对应算法中步骤④和⑤
        if(tb > p)
            tb <= tb - p;
        ta <= ta >> 1'b1;
        state <= STEP4;
    end
    STEP4:begin                          //对应算法中步骤⑥
```

```
            if(ta == 32'd0)
                state <= FINISH;
            else
                state <= STEP1;
        end
        FINISH:begin                            //结束,输出
            c <= tc;
            done <= 1'b1;
            state <= IDLE;
        end
        default:begin
            state <= IDLE;
        end
        endcase
    end
    endmodule
```

编写测试模块进行功能验证,仅保留信号赋值部分,模块声明、变量声明和实例化部分均略去,参考如下:

```
initial
begin
    rst_n = 0;start = 0;
    p = 32'ha1234567;                          //设置 p 值
    #20 rst_n = 1;                             //复位完成
    #20;                                       //延迟
    @(negedge clk);                            //对齐下降沿
    start = 1;                                 //给出启动信号和数据
    a = 32'h12345678;
    b = 32'h87654321;
    ref_c = (a * b) % p;                       //采用取模操作符 % 计算参考数据,便于对比
    #10 start = 0;
    @(posedge done);                           //等待结束信号
    #10;                                       //延迟,为了便于观察波形
    if(c == ref_c)                             //若输出结果和参考结果相符
        $display("Right result!\n");
    else                                       //若输出结果和参考结果不符
        $display("Bad result!\n");
    $display("The BMM result c = %h  \n",c);   //输出计算结果
    $display("The reference ref_c = %h  \n",ref_c);
                                               //输出参考结果
    $stop;
end
```

仿真运行完毕后,在仿真器中可以看到如图 16-5 所示的输出结果,很容易帮助设计者判别功能的正确性,并得到必要的结果。

图 16-6 展示了整个仿真过程中模乘单元内部的运算情况,由于持续时间较长,所以仅给出仿真全貌,不展示仿真细节。最后的仿真结果在图 16-5 中已经得到判断,也无须对波形做进一步解释说明。

```
VSIM 46> run -all
# Right result!
#
# The BMM result c = 5c1365bf
#
# The reference ref_c = 5c1365bf
#
# ** Note: $stop    : C:/modeltech64_10.4/examples/book/test_BMM.v(35)
#    Time: 1255 ns  Iteration: 0  Instance: /test_BMM
# Break in Module test_BMM at C:/modeltech64_10.4/examples/book/test_BMM.v line 35
```

图 16-5　仿真器输出

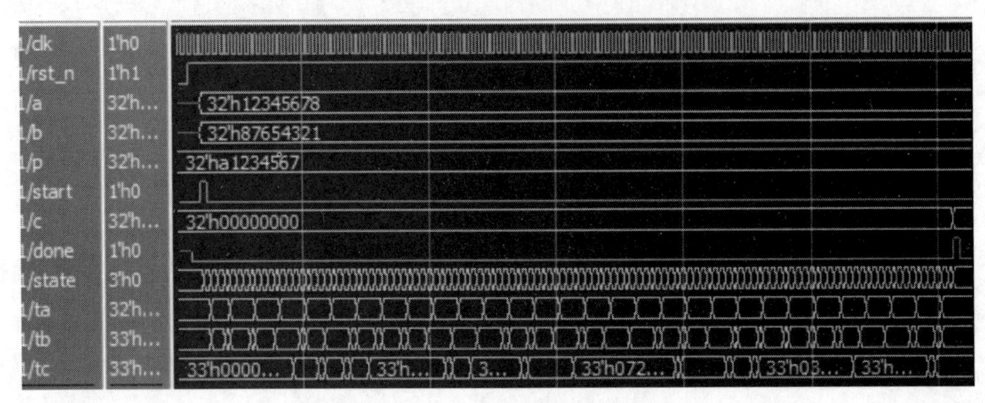

图 16-6　仿真波形图

在模乘的运算中多次出现了加减法的使用，每一次加减法都会在最后的电路中生成对应的加法器，该设计模块在 Quartus Prime 中得到的 RTL 结构图如图 16-7 所示，图中圆圈标识的位置即为加法器单元。

如果代码中出现了多次的数据运算，那每一次运算都会在最后电路中生成运算单元，占据的资源情况也就会较多，所以可以考虑把控制器单独提出，把运算部分设置成一个单元，参考代码如下：

```
module BMM(
            input clk,rst_n,
            input [31:0]  a,b,
            input [31:0]  p,
            input start,
            output  [31:0]  c,
            output  done);                                        //顶层模块
wire  [32:0]  x,y,z;
wire  func;
BMM_ctrl  control(clk,rst_n,a,b,p,start,c,done,x,y,func,z);       //控制
add_sub    unit1(x,y,z,func);                                     //加减法
endmodule

module  add_sub(
                input [32:0]  x,y,
                output [32:0]  z,
                input  func);                                     //加减法单元
```

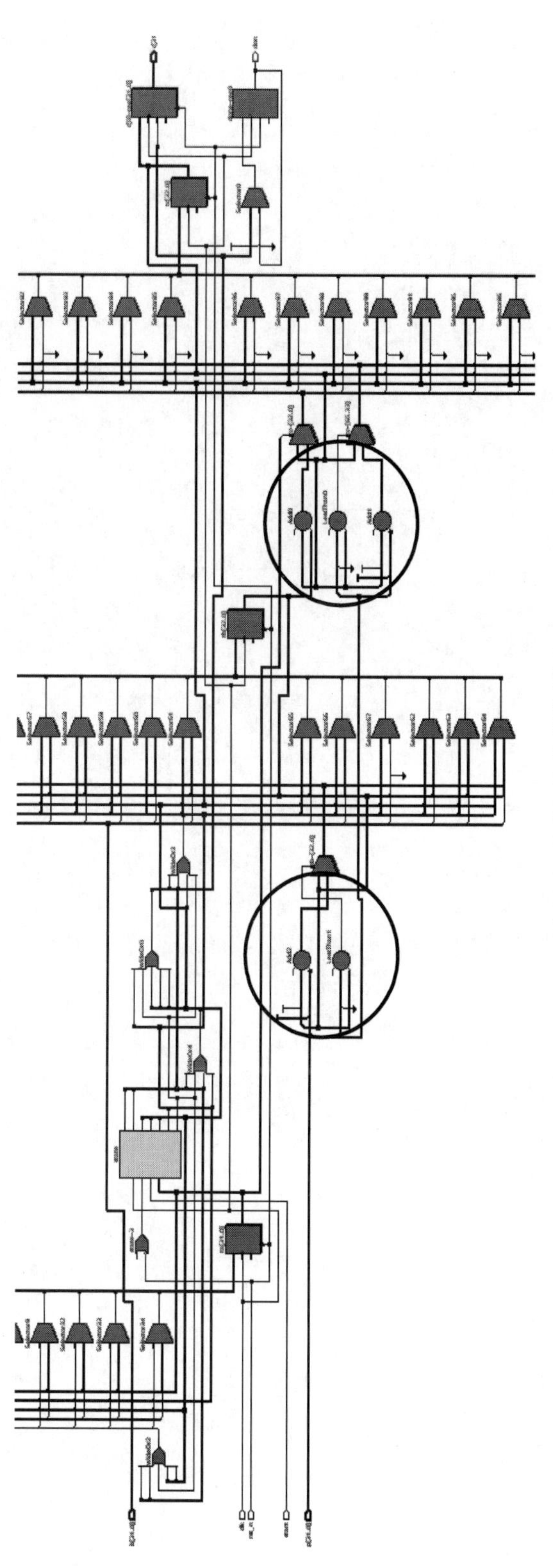

图 16-7　RTL 结构部分展示

```
assign  z = (func == 1'b0) ? (x + y):(x - y);        //加减操作,也可以使用补码进一步简化

endmodule

module BMM_ctrl(
            input  clk,rst_n,
            input  [31:0]  a,b,
            input  [31:0]  p,
            input  start,
            output  reg  [31:0]  c,
            output  reg  done,                       //以上为对外接口

            output  reg  [32:0]  x,y,                //以下是对内接口
            output  reg  func,
            input [32:0]  z  );                      //控制模块


parameter   IDLE = 3'd0,
            INITIAL = 3'd1,
            STEP1 = 3'd2,
            STEP2 = 3'd3,
            STEP3 = 3'd4,
            STEP4 = 3'd5,
            FINISH = 3'd6;
reg    [2:0]  state;
reg    [31:0]  ta;
reg    [32:0]  tb,tc;

always @(posedge clk or negedge rst_n)
begin
    if(rst_n == 1'b0)
    begin
        c <= 32'd0;
        tc <= 33'd0;
        ta <= 32'd0;
        tb <= 33'd0;
        state <= IDLE;
    end
    else
    case(state)
    IDLE:begin
        done <= 1'b0;
        if(start == 1'b1)
            state <= INITIAL;
        else
            state <= IDLE;
    end
    INITIAL:begin
        ta <= a;
```

```
            tb <= b;
            tc <= 33'd0;
            state <= STEP1;
        end
        STEP1:begin
            if(ta[0] == 1)
            begin
                x <= tc;                         //送入加减法单元,计算 tc + tb
                y <= tb;
                func <= 1'b0;
            end
            else
            begin
                x <= tc;
                y <= 33'd0;
                func <= 1'b0;
            end
            state <= STEP2;
        end
        STEP2:begin
            if(z > p)                            //注意判断条件的变化,此时不能用 tc
            begin
                x <= z;                          //送入数据,计算 tc - p
                y <= p;
                func <= 1'b1;
            end
            else
            begin
                x <= z;
                y <= 33'd0;
                func <= 1'b0;
            end
            tb <= tb << 1'b1;
            state <= STEP3;
        end
        STEP3:begin
            tc <= z;                             //取回 tc 的结果
            if(tb > p)
            begin                                //计算 tb - p
                x <= tb;
                y <= p;
                func <= 1'b1;
            end
            else
            begin
                x <= tb;
                y <= 33'd0;
                func <= 1'b1;
            end
```

```
            ta <= ta >> 1'b1;
            state <= STEP4;
        end
        STEP4:begin
            tb <= z;                                        //取回 tb 的结果
            if(ta == 32'd0)
                state <= FINISH;
            else
                state <= STEP1;
        end
        FINISH:begin                                        //结束,输出
            c <= tc;
            done <= 1'b1;
            state <= IDLE;
        end
        default:begin
            state <= IDLE;
        end
        endcase
    end
    endmodule
```

该模块的 RTL 结构如图 16-8 和图 16-9 所示。图 16-8 展示了顶层下的两个模块：一个加减法模块和一个控制模块。加减法模块的电路如图 16-9 所示,内部包含了两个加法器和一个选择器,其实还可以使用补码来进一步简化结构,可以由读者自行完成。控制模块除了加法器消失外,其余部分变化不大,这里就不再展示了。

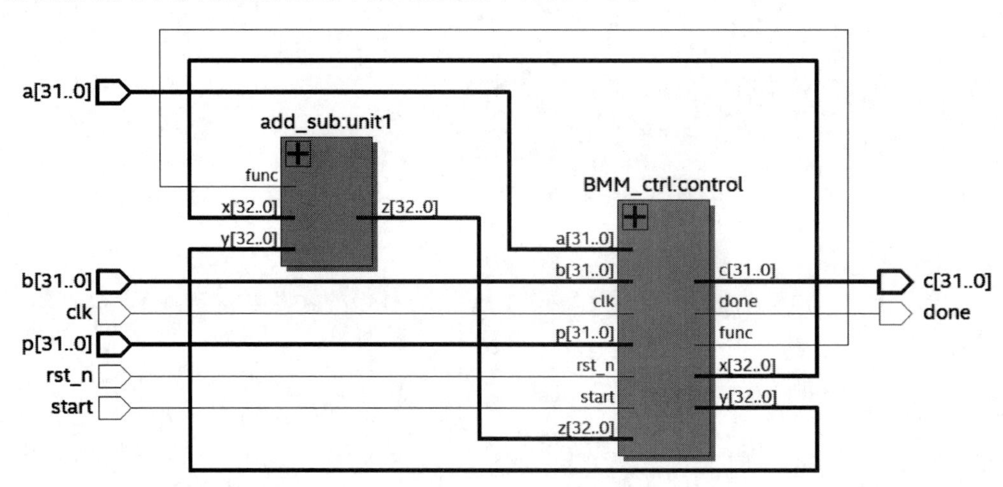

图 16-8　模块连接

使用这种风格编写要比直接写成一个模块多考虑一些问题。例如,除了需要考虑每一种情况满足时送给运算单元的数据外,还需要考虑情况不满足时的数据,这样保证后续操作的一致性。还要考虑整个电路的时序情况,运算结果要隔周期才能取回,从而导致一些判断条件会发生变化。换言之,在编写代码时,整个电路运算的过程和数据的流动都要在设计者头脑中构思清楚,否则就会出现逻辑性错误。

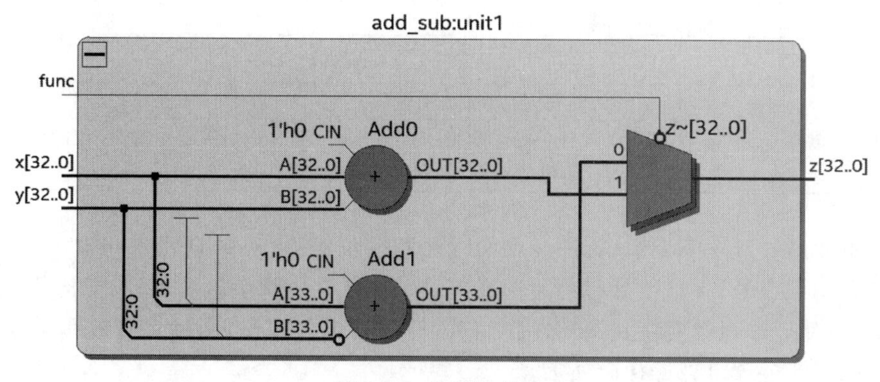

图 16-9　加减法结构

16.4　浮点加法器

浮点运算是一种比较常见的运算，把数值保存为浮点数格式可以大大拓展表示的数据范围。浮点数的国际通过格式在 IEEE 754 中定义，如图 16-10 所示。

符号位	阶码位	尾数位

图 16-10　IEEE 754 标准中浮点数格式

对于单精度的浮点数，其符号位是 1 位，阶码位是 8 位，尾数位是 23 位，合计 32 位。举例说明转化过程，设数值 33.75 待表示为浮点数，首先转化为二进制$(100001.11)_2$，然后表示为 1.0000111×2^{101}，101 即为 5 的二进制表示。由于数值是正数，所以符号位填 0；阶码位在 101 的基础上加 127，得到 10000100；尾数位直接截取 0000111 并在后面补充 16 个 0 来凑够 23 位，最后得到的结果为 0x42070000。

两个浮点数相加一般需要经过对阶、尾数加减、舍入和规格化几个步骤，如有另一个数-9.625，可表示为-1.001101×2^{011}，在与 1.0000111×2^{101} 相加时，需要先把阶码小的数值向阶码大的数值对齐，得到-0.01001101×2^{101}，然后把尾数部分相加，得到结果 0.11000001×2^{101}，变形为 1.000001×2^{100} 得到规格化形式，然后转为浮点数格式为 0x41c10000。

浮点数相加还要考虑很多特殊数值和情况，在本例中简化处理，只考虑最基本的加法过程，仿照 16.3 节的模乘运算，可得浮点加法器的端口说明如表 16-4 所示。

表 16-4　浮点加法器设计说明

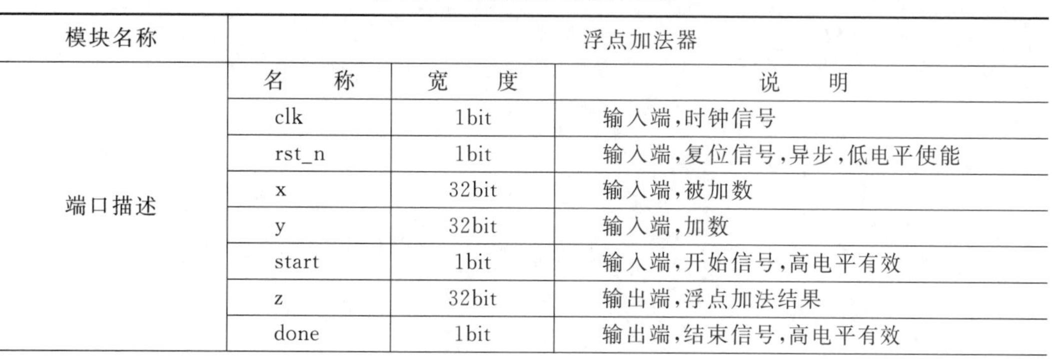

模块名称	浮点加法器		
端口描述	名　　称	宽　　度	说　　明
	clk	1bit	输入端，时钟信号
	rst_n	1bit	输入端，复位信号，异步，低电平使能
	x	32bit	输入端，被加数
	y	32bit	输入端，加数
	start	1bit	输入端，开始信号，高电平有效
	z	32bit	输出端，浮点加法结果
	done	1bit	输出端，结束信号，高电平有效

续表

模块名称	浮点加法器
功能描述	① 当 rst_n 为 0 时，浮点加法器复位； ② 正常工作时，在 start 端给出 1 信号，同时给 a、b 端输入数据，开始计算浮点数加法；当 done 信号变为高电平时，c 端输出的即为结果

运算单元的端口大多类似，提供必要的时序和复位信号，有数据输入和输出信号，需要启动信号和结束信号，有时还具有功能选择信号。如果使用状态机实现，也会把状态机的值直接输出，方便后续观察模块状态和电路调试，但本书中都未添加，读者可以稍加注意。按浮点加法的算法过程可设计代码如下：

```
module  float_adder(
            input clk,
            input rst_n,
            input start,
            input [31:0]  x,y,
            output  reg  [31:0]  z,
            output  reg  done);

parameter IDLE = 3'd0,
            EMATCH = 3'd1,
            FMATCH = 3'd2,
            FCOMP = 3'd3,
            FADD = 3'd4,
            NORM = 3'd5,
            FINISH = 3'd6;
reg    [2:0] state;
reg    s_x,s_y;
reg    [7:0] e_x,e_y;
reg    [22:0]  f_x,f_y;
reg    [29:0]  t_x,t_y,t_z;
reg    [7:0]  t_e,delta_e;

always @(posedge clk)                                   //复位
begin
    if(!rst_n)
    begin
        state <= IDLE;
        done <= 1'b0;
        z <= 32'h0;
        {s_x,e_x,f_x}<= 32'h0;
        {s_y,e_y,f_y}<= 32'h0;
    end
    else
    case(state)
    IDLE:begin
        if(start == 1'b1)                               //启动
```

```
        begin
            {s_x,e_x,f_x}<= x;
            {s_y,e_y,f_y}<= y;
            t_x<= {x[31],x[31],1'b1,x[22:0],4'd0};          //存入临时寄存器
            t_y<= {y[31],y[31],1'b1,y[22:0],4'd0};          //宽度 30 位,保留精度
            state<= EMATCH;
        end
        else
            state<= IDLE;
    end
    EMATCH:begin                                            //对阶并计算偏差
        if(e_x>e_y)
        begin
            delta_e<= e_x - e_y;
            t_e<= e_x;
        end
        else
        begin
            delta_e<= e_y - e_x;
            t_e<= e_y;
        end
        state<= FMATCH;
    end
    FMATCH:begin                                            //尾数移动
        if(e_x>e_y)
            t_y[27:0]<= t_y[27:0]>> delta_e;
        else
            t_x[27:0]<= t_x[27:0]>> delta_e;
        state<= FCOMP;
    end
    FCOMP:begin                                             //求尾数补码,计算正负值
        if(s_x== 1)
            t_x[27:0]<= ~ t_x[27:0] + 28'd1;
        if(s_y== 1)
            t_y[27:0]<= ~ t_y[27:0] + 28'd1;
        state<= FADD;
    end
    FADD:begin                                              //尾数相加
        t_z<= t_x + t_y;
        state<= NORM;
    end
    NORM:begin                                              //规格化步骤,可能多次循环
        if(t_z[29]!= t_z[28])                               //上溢时,需右移
        begin
            t_z[28:0]<= {t_z[29],t_z[28:1]};
            t_e<= t_e + 8'd1;                               //尾数右移,阶码加一
            state<= NORM;
```

```
            end
            else if ((t_z[28]^t_z[27])!= 1)                  //数值首位非 1,需左移
            begin
                t_z[27:0]<= {t_z[26:0],1'b0};
                t_e<= t_e-8'd1;                              //尾数左移,阶码减一
                state<= NORM;
            end
            else                                             //规格化完毕,进入下一步
            begin
                if(t_z[29] == 1'b1)                          //若尾数为负,则求补码
                    t_z[27:0]<= ~t_z[27:0]+1;
                state<= FINISH;
            end
        end
        FINISH:begin                                         //组合各部分输出
            z[31]<= t_z[29];
            z[30:23]<= t_e;
            z[22:0]<= t_z[26:4];
            done<= 1'b1;
            state<= IDLE;
        end
        default:begin
            done<= 1'b0;
            state<= IDLE;
        end
        endcase
    end
    endmodule
```

测试模块中的信号赋值参考如下,直接使用前文示例的两个数值,方便判断。

```
initial
begin
    start = 1'b0;rst_n = 1'b0;
    ref_z = 32'h41C10000;                        //参考输出,结果 24.125
    @(negedge clk);
    rst_n = 1'b1;
    #10 start = 1'b1;
    x = 32'hC11A0000;                            //被加数 - 9.625
    y = 32'h42070000;                            //加数 33.75
    @(posedge done);
    #10 $stop;
end
```

运行仿真可得波形图如图 16-11 所示,可以看到状态的变化依次进行,最后运算结果也与参考结果相同,为免与 16.3 节重复,测试模块中没有判断参考值并使用 $display 输出结果,读者可自行设计和改进。

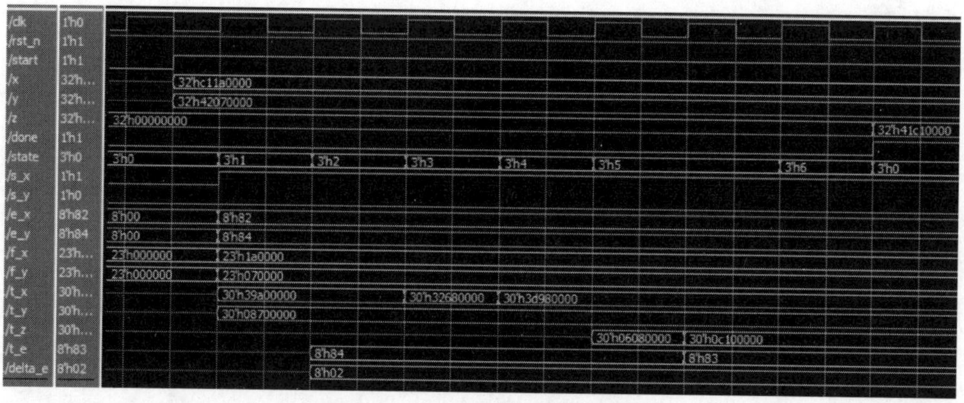

图 16-11　浮点加法器仿真波形图

第17章

代码范例——高级篇

在本章中,设计代码的难度会继续增加,整个代码的规模也会变得更庞大,而且涉及的算法也会变得更复杂,需要先弄清原理才能够进一步完成设计。在学习本章内容前,一定要对相关算法做深入了解,才能更好地理解设计代码。

17.1 霍夫曼编码器设计

霍夫曼(Huffman)编码是一种变长的无损压缩编码,可以根据文件中字符出现频率的高低来分配编码的长度,得到一个平均编码长度最短的编码表,对文件进行重新编码,得到一个压缩的文件,具有较高的压缩率。

17.1.1 基本原理

在计算机中,一个英文字符会存成一个字节,也就是 8bit,一个汉字会存成两个字节,所以存储的信息都会变成整数个字节。以英文字符为例,每一个 8bit 英文字符的编码都不相同,这就保证了各个字符之间不会混淆。但在正常使用中,每个文件中每个英文字符出现的频数是不同的,某些字符经常出现,某些字符很少出现,霍夫曼编码就是针对这个特点,将出现次数多的字符用较短的位数编码,出现次数少的字符用较长的位数编码,从而在整体上压缩了整个文件的大小。换言之,新的编码每个字符的长度不再固定,而且不同文件中的编码情况也不会完全相同。

使用霍夫曼编码编码会有两个步骤：第一步,全面扫描整个文件,建立文件中出现字符的频次表,然后建立霍夫曼的编码树,得到每个字符的霍夫曼编码；第二步,再次读取整个文件,依次对出现的字符进行编码,得到压缩后的文件。

举例来说,一个字符串“abcdeabceabcaba”,共 15 个字符,扫描后建立频次表,abcde 五个字母分别出现了 5 次、4 次、3 次、2 次和 1 次,根据出现频次建立霍夫曼树,如图 17-1 所示。

建树的过程是按照频次来计算的,d 和 e 出现的次数最少,所以二者连接到一个新节点，该节点的频次记为3，此时还剩c(3次)、b(4次)和a(5次)，把出现频次最少的两个节点再连接在一起，所以把c和刚生成的节点连接在一起，生成新的节点，此节点的频次记为6，大于b和a，所以把b和a连接到一个节点，频次记为9，最后把6和9两个新节点连接在一起，完成一个树状结构。

完成树后，按规则自顶向下，以左0右1的分配方法对整个树形结构赋值，如图17-2所示，可知编码结果为：e编码为000，d编码为001，c编码为01，b编码为10，a编码为11，彼此的编码结果不为其他字符的编码前缀，所以不会混淆。最后会生成一个编码表，如表17-1所示。

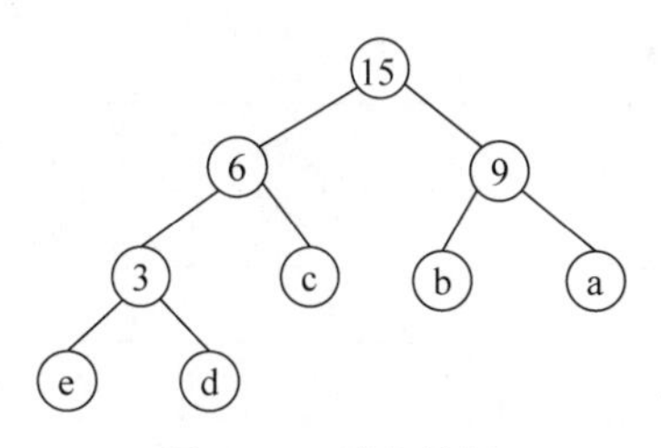

图17-1　霍夫曼树

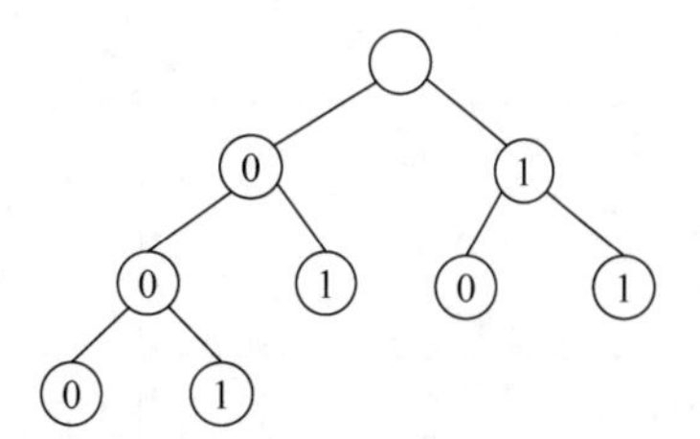

图17-2　编码结果

表17-1　霍夫曼编码表

字　符	编码长度	编　码　值
a	2	11
b	2	10
c	2	01
d	3	001
e	3	000

按照编码表对原字符串进行编码，可得新的字符串。新的字符串最前端增加一位的1值，用作定界符，前面缺失的位做补零处理，凑齐8个bit，整个过程如表17-2所示。

表17-2　编码过程

字符	a	b	c	d	e	a	b	c	e	a	b	c	a	b	a
编码	11	10	01	001	000	11	10	01	000	11	10	01	11	10	11
整合	1110010010001110010001110011111011														
分段	1_11001001_00011100_10001110_01111011														
定界	1_1_11001001_00011100_10001110_01111011														
补位	00000011_11001001_00011100_10001110_01111011														
转化	03C91C8E7B														

注意，本节使用到的是静态的霍夫曼编码，霍夫曼编码还有动态编码方式，不在讨论范围内，不要混淆。

17.1.2　设计说明

由17.1.1节可知，霍夫曼编码需要先读取文件生成霍夫曼树，得到编码表后再对整个文件进行编码。遍历文件内容并统计，然后根据频次建立树的过程，并不适合硬件电路实现，或者说硬件开销过大。比较现实的方法是，采用软件对某类特定文件生成编码表，例如文本文件、网页文件等，然后硬件直接使用编码表对文件进行编码输出，结构如图17-3所示。

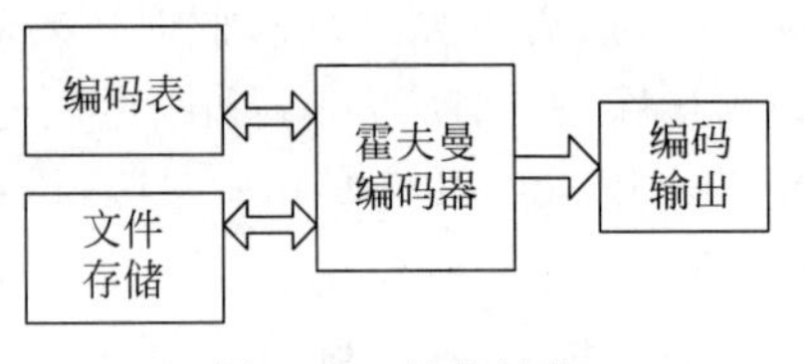

图17-3 整体结构

由设定可知，该霍夫曼编码器需要操作三个存储器，一个存储器中存放编码表，一个存储器中存放待压缩文件，最后的压缩文件输出到另一个存储器中。编码表存储的表格格式以字符原编码作为地址，得到表17-3所示的格式。

表17-3 存储的编码表

地　址	编码长度	编　码　值
0x61	2	11
0x62	2	10
0x63	2	01
0x64	3	001
0x65	3	000

文件存储器中需要给霍夫曼编码器提供文件长度和文件内容的首地址，编码输出存储器需要存放编码结果，并提供压缩后的文件长度。综合以上情况，可以得到霍夫曼编码器的设计说明如表17-4所示。

表17-4 霍夫曼编码器设计说明

模块名称	霍夫曼编码器		
端口描述	名　称	宽　度	说　明
	clk	1bit	输入端，时钟信号
	rst_n	1bit	输入端，复位信号，异步，低电平使能
	huffman_enable	1bit	输入端，编码器启动信号，高电平有效
	huffman_end	1bit	输出端，编码器结束信号，高电平有效
	huffman_length	16bit	输出端，压缩后文件长度
	huffman_write	1bit	输出端，写存储器使能端，高电平有效
	huffman_address	16bit	输出端，写存储器地址
	huffman_byte	8bit	输出端，输出数据端，每次1字节
	ctable_address	8bit	输出端，压缩表地址
	ctable_value	16bit	输入端，编码结果
	ctable_nbbits	8bit	输入端，编码长度
	ctable_read	1bit	输出端，读存储器使能端，高电平有效
	literal_length	16bit	输入端，整个文件长度
	literal_address	16bit	输出端，文件存储器每次读取的地址
	literal_data	8bit	输入端，读入字符，每次1字节
	literal_read	1bit	输出端，读存储器使能端，高电平有效

续表

模块名称	霍夫曼编码器
功能描述	① 当 rst_n 下降沿时,编码器复位,正常工作时 rst_n 维持 1 值
	② 待机时,当 huffman_enable 给高电平,编码器开始工作,同时输入 literal_length,给出文件长度
	③ 正常工作时,先发出 literal_address,并把 literal_read 置为高电平,给出待取字节的地址和读使能,然后待取字节从 literal_data 传回,作为 ctable_address 发送到编码表存储器,并把 ctable_read 置 1,从 ctable_value 得到该字节的编码结果,从 ctable_nbbits 得到该编码的长度,编码器把编码长度和编码结果记录下来,每当编码结果凑够一个字节后,就从 huffman_byte 输出,并从 huffman_address 和 huffman_write 发出写地址和使能信号,完成一次输出
	④ 当文件全部压缩完毕,huffman_end 输出高电平脉冲,huffman_length 输出最终压缩后文件的长度

另外,待压缩文件和压缩文件的首部(即文件头)一般需要单独处理,所以不添加在设计中,设计内仅对文件的内容进行编码压缩。

17.1.3 代码实现

由于每次都是读取一个字符信息,然后查找压缩表,所以霍夫曼编码过程可以采用流水工作的方式,不停读取文件和压缩表,由编码器控制最后的输出即可。所以整个设计的关键点在于:对文件的读取、对压缩表的读取和压缩结果的输出。如果只是一字节读写则会很简单,但当编码结果中存在大于 8 位的结果时,流水线就可能会溢出,从而使结果出错。例如当前编码结果是 7 位,如果再增加一个 9 位的编码结果,就要向编码输出的存储器中写两个字节,所以在出现双字节输出时需要使流水线暂停。

对于文件的读取控制代码参考如下:

```
always @(posedge clk or negedge rst_n)
begin
    if(rst_n == 1'b0)                                    //复位
    begin
        literal_address <= {(2 * `DATA_WIDTH){1'b0}};
        literal_read <= 1'b0;
    end
    else if (two_word == 1'b1)                           //双字节输出时,暂停
    begin
        literal_address <= literal_address;
        literal_read <= 1'b1;
    end
    else if(run && literal_address!= 16'd0)              //正常读取过程
    begin
        literal_address <= literal_address - 1;
        literal_read <= 1'b1;
    end
    else if(huffman_enable == 1'b1)                      //初始情况
```

```
        begin
            literal_address <= literal_length - 1;
            literal_read <= 1'b1;
        end
        else                                        //其余时刻无动作
        begin
            literal_address <= literal_address;
            literal_read <= 1'b0;
        end
    end
```

对于编码器的读取，参考代码如下：

```
always @(posedge clk or negedge rst_n)
begin
    if(rst_n == 1'b0)                           //复位
    begin
        ctable_address <= {`DATA_WIDTH{1'b0}};
        ctable_read <= 1'b0;
    end
    else if (two_word == 1'b1)                  //双字节时保持读取
    begin
        ctable_address <= ctable_address;
        ctable_read <= 1'b1;
    end
    else if(run)
    begin
        ctable_address <= literal_data;         //把文件字符视为地址
        ctable_read <= 1'b1;
    end
    else                                        //其余时刻不读
    begin
        ctable_address <= ctable_address;
        ctable_read <= 1'b0;
    end
end

always @(posedge clk or negedge rst_n)
begin
    if(rst_n == 1'b0)                           //复位
    begin
        value <= 16'h0;
        nbbits <= 8'h0;
    end
    else if (two_word  == 1'b1)                 //输出双字节时,暂停
    begin
        value <= value;
        nbbits <= nbbits;
    end
```

```
        else if(ctable_read == 1'b1)                         //正常读取文件
        begin
            value <= ctable_value;
            nbbits <= ctable_nbbits;
        end
        else if (pipe_counter == 3'd4)                       //流水线最终收尾
        begin
            value <= 8'd0;
            nbbits <= 16'd0;
        end
        else                                                 //其余时刻无动作
        begin
            value <= value;
            nbbits <= nbbits;
        end
    end
```

霍夫曼编码结果的输出控制，参考代码如下：

```
    always @(posedge clk or negedge rst_n)
    begin
        if(rst_n == 1'b0)                                    //复位
        begin
            huffman_write <= 1'b0;
            huffman_byte <= 8'b0;
            huffman_address <= 16'hffff;
            huffman_length <= 16'd0;
        end

        else if(two_word)                                    //双字节时的输出
        begin
            huffman_write <= 1'b1;
            huffman_byte <= bitcontainer[7:0];
            huffman_address <= huffman_address + 1;
            huffman_length <= huffman_length + 1;
        end
        else if (one_word)                                   //单字节时的输出
        begin
            huffman_write <= 1'b1;
            huffman_byte <= bitcontainer[7:0];
            huffman_address <= huffman_address + 1;
            huffman_length <= huffman_length + 1;
        end
        else if (pipe_counter == 3'd4)                       //收尾时的输出
        begin
            huffman_write <= 1'b1;
            huffman_byte <= bitcontainer[7:0];
            huffman_address <= huffman_address + 1;
            huffman_length <= huffman_length + 1;
```

```
    end
    else                                          //其余时刻不写
    begin
        huffman_write <= 1'b0;
        huffman_byte <= 8'b0;
        huffman_address <= huffman_address;
        huffman_length <= huffman_length;
    end
end
```

编码器内部需要对得到的编码结果做累积和输出，控制部分参考代码如下：

```
assign one_word = (bitpos >> 3)!= 8'd0;           //单字节
assign two_word = (bitpos >> 4)!= 8'd0;           //双字节

always @(posedge clk or negedge rst_n)
begin
    if(rst_n == 1'b0)                             //复位
    begin
    #1 bitcontainer <= {(4 * `DATA_WIDTH){1'b0}};
        bitpos <= {`DATA_WIDTH{1'b0}};
        pause <= 1'b0;
    end
    else if(pipe_counter == 3'd3)                 //收尾之前的几种情况
    begin
        if(two_word)                              //收尾时双字节
        begin
            #1   bitcontainer <= (bitcontainer)>> 8;
            bitpos <=  bitpos - 8'd8;
            pause <= 1'b1;
        end
        else if (one_word)                        //收尾时单字节
        begin
            #1   bitcontainer <= (bitcontainer >> 8 | (1 << bitpos - 8));
            bitpos <= ( bitpos + nbbits ) - 8'd8;
            pause <= 1'b0;
        end
        else                                      //其余情况直接填定界符1
        begin
            #1   bitcontainer <=  bitcontainer | (1 <<(bitpos - nbbits));
            bitpos <=  8'd0 ;
            pause <= 1'b0;
        end
    end
    else if (pipe_counter == 3'd4)                //最后收尾的情况
    begin
        #1   bitcontainer <=  bitcontainer >> 8;
            bitpos <=  8'd0;
            pause <= 1'b0;
```

```
        end
        else if (run || pipe_end == 1)          //收尾开始时,注意优先级要低
        begin                                    //否则会覆盖之前的条件分支
            if(two_word)
            begin
                #1  bitcontainer <= (bitcontainer)>> 8;
                bitpos <= bitpos - 8'd8;
                pause <= 1'b1;
            end
            else if (one_word)
            begin
                #1  bitcontainer <= (bitcontainer | (value << bitpos))>> 8;
                bitpos <= ( bitpos + nbbits ) - 8'd8;
                pause <= 1'b0;
            end
            else
            begin
                #1  bitcontainer <= bitcontainer | (value << bitpos);
                bitpos <= bitpos + nbbits ;
                pause <= 1'b0;
            end
        end
    end
```

对于流水线结尾的控制参考代码如下：

```
always @(posedge clk or negedge rst_n)
begin
    if(rst_n == 1'b0)
    begin
        run <= 1'b0;
        pipe_end <= 1'b0;
    end
    else if (pause == 1'b1)
    begin
        run <= run;
        pipe_end <= pipe_end;
    end
    else if(huffman_enable == 1'b1)
    begin
        run <= 1'b1;
        pipe_end <= 1'b0;
    end
    else if(pipe_counter == 3'd4)
    begin
        run <= 1'b0;
        pipe_end <= 1'b0;
    end
    else if((literal_address == 16'b0 && run == 1)||(pipe_counter != 8'd0))
```

```
    begin
        run<=1'b0;
        pipe_end<=1'b1;
    end
    else
    begin
        run<=run;
        pipe_end<=1'b0;
    end
end
```

其余部分代码相对较简单，此处不详细给出。

17.1.4 仿真验证

因为设计的霍夫曼编码器处于整个结构的中间位置，所以搭建整个运行环境，并利用参考数据来验证结果的正确性。测试模块中的主要部分代码参考如下：

```
initial
begin
    read_ctable;                                   //任务,读压缩表
    read_literal;                                  //任务,读文件内容
    read_reference;                                //任务,读正确的输出结果,作为参考
    init=1'b1;   address_sram=8'hff;
    huffman_enable=0;literal_length=0;             //给出初始信号

    @(posedge clk);
    #2 sram_initial=1'b0;
    @(posedge clk);
    wait (address_sram==8'hff);
    @(posedge clk);
    #2 ;
    sram_initial=1'b1;init=1'b0;                   //初始化存储器

    #10 literal_length=726;                        //文件长度
    #10 huffman_enable=1;                          //启动仿真
    #11 huffman_enable=0;

    @(posedge huffman_end);                        //等待编码器结束
    @(posedge clk);
    #10 ;
    for(i=0;i<(huffman_length+6);i=i+1)           //与参考结果对比
    begin
        if(huffman_memory[i]==reference_memory[i])
            flag=0;
        else
            begin
                $display("the memory data of address   %h is error!",i);
                flag=1;
```

```
            end
        end

        if(flag == 0)                              //输出提示信息
            $ display("The Test is Passed!!");
        else
            $ display("Error,Try again!");

        #50 $ stop;
    end
```

文件读取任务的参考代码如下：

```
task read_literal;
    reg [15:0] n;

    begin
        $ display("////////////////literal data//////////////////");
        $ readmemh("literal.txt",literal_memory);
        /* for(n = 0;n < literal_length;n = n + 1)
        begin
            $ write(" %h     ",literal_memory[n]);
            if( ((n + 1) % 8 ) == 1'b0)
                $ display("\n");
        end */
        $ display("\n/////////////literal end///////////////////");
    end
endtask
```

其余两个类似，不再重复罗列。

运行仿真后可以得到仿真波形。从图 17-4 中可以看出，huffman_enable 信号出现高电平脉冲后，编码器开始工作，发出 literal_read 和 literal_address，地址为 0x02f5，取出字符 0x61，并查找编码表，作为编码表地址发给编码表存储器，存储器得到编码结果 0x000a 和编码长度 0x06，内部寄存器 bitcontainer 存入 000a 并取 6 位宽，即保留二进制数 001010，然后

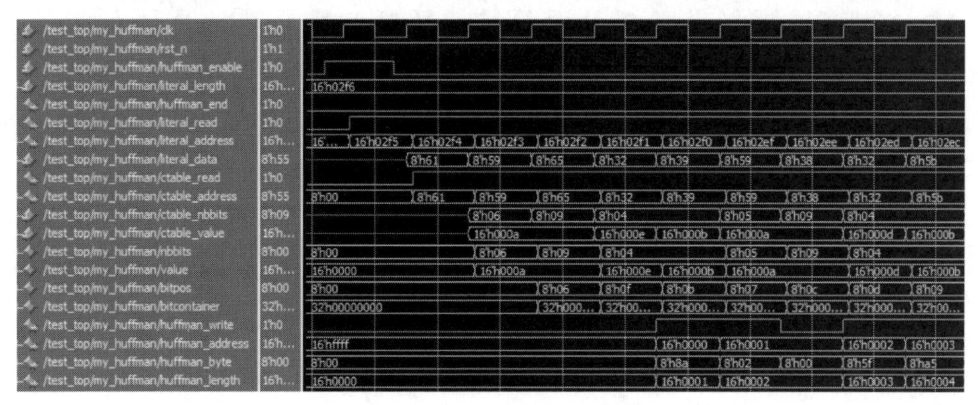

图 17-4　编码过程仿真波形图

标记宽度 6 位，等待下一个数值依然是 0x000a 但是 9 位宽，所以保留 000001010，与上一个编码一起凑成 000001010_001010，此时已经保留了 15 位二进制数，大于一个字节的 8bit，所以 huffman_write 发出写命令，把 8bit 数值 10001010 存入存储器 huffman_byte 发出 0x8a，地址为最初的 0x0000，完成第一个编码结果的输出，同时内部寄存器 bitcontainer 中剩余数值为 0000010，显示为 0x02。整个编码操作清晰，与所期待的过程一致。

在编码结束时的波形图如图 17-5 所示。当 literal_address 为 0 时，编码器停止文件的读取，地址保持不变，完成最后一个字节的读取后撤销 literal_read，同时 pipe_end 升高，表示开始进入收尾阶段，pipe_couter 开始计数，完成最后的编码和文件首字符的定位，全部操作结束后，huffman_end 输出高电平脉冲，表示编码结束，进入空闲状态。

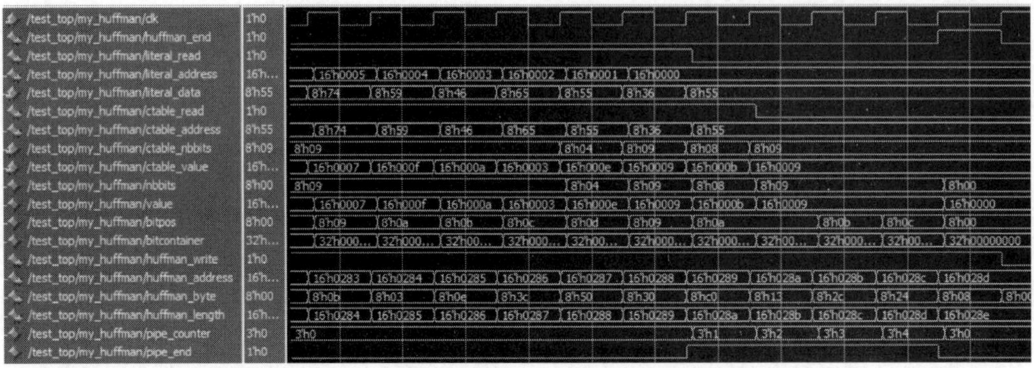
/test_top/my_huffman/clk
/test_top/my_huffman/huffman_end
/test_top/my_huffman/literal_read
/test_top/my_huffman/literal_address
/test_top/my_huffman/literal_data
/test_top/my_huffman/ctable_read
/test_top/my_huffman/ctable_address
/test_top/my_huffman/ctable_nbbits
/test_top/my_huffman/ctable_value
/test_top/my_huffman/nbbits
/test_top/my_huffman/value
/test_top/my_huffman/bitpos
/test_top/my_huffman/bitcontainer
/test_top/my_huffman/huffman_write
/test_top/my_huffman/huffman_address
/test_top/my_huffman/huffman_byte
/test_top/my_huffman/huffman_length
/test_top/my_huffman/pipe_counter
/test_top/my_huffman/pipe_end

图 17-5　编码结束时波形图

借助仿真工具，也可以查看编码后的文件，与软件模型生成的文件对比，如图 17-6 所示，上方的存储器内容是编码结果，存放于 huffman_memory，下方的内容是参考文件，存放于 reference_memory，截取部分文件内容，可以看到两者完全一致，功能验证正确。

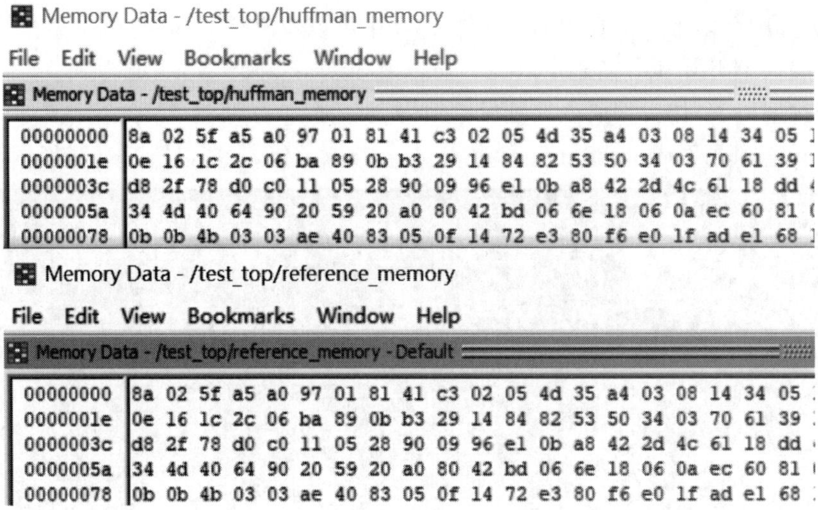
Memory Data - /test_top/huffman_memory
File Edit View Bookmarks Window Help
Memory Data - /test_top/huffman_memory
00000000 8a 02 5f a5 a0 97 01 81 41 c3 02 05 4d 35 a4 03 08 14 34 05
0000001e 0e 16 1c 2c 06 ba 89 0b b3 29 14 84 82 53 50 34 03 70 61 39
0000003c d8 2f 78 d0 c0 11 05 28 90 09 96 e1 0b a8 42 2d 4c 61 18 dd
0000005a 34 4d 40 64 90 20 59 20 a0 80 42 bd 06 6e 18 06 0a ec 60 81
00000078 0b 0b 4b 03 03 ae 40 83 05 0f 14 72 e3 80 f6 e0 1f ad e1 68
Memory Data - /test_top/reference_memory
File Edit View Bookmarks Window Help
Memory Data - /test_top/reference_memory - Default
00000000 8a 02 5f a5 a0 97 01 81 41 c3 02 05 4d 35 a4 03 08 14 34 05
0000001e 0e 16 1c 2c 06 ba 89 0b b3 29 14 84 82 53 50 34 03 70 61 39
0000003c d8 2f 78 d0 c0 11 05 28 90 09 96 e1 0b a8 42 2d 4c 61 18 dd
0000005a 34 4d 40 64 90 20 59 20 a0 80 42 bd 06 6e 18 06 0a ec 60 81
00000078 0b 0b 4b 03 03 ae 40 83 05 0f 14 72 e3 80 f6 e0 1f ad e1 68

图 17-6　编码结果对比

17.2　霍夫曼解码器设计

霍夫曼解码器是霍夫曼编码器的逆操作，将使用霍夫曼压缩后的文件恢复成原始文件内容，依然会使用霍夫曼树进行解码。

17.2.1　基本原理

收到霍夫曼编码的压缩文件后，需要对该文件进行解码操作，来得到文件的实际内容。解码操作前必须要有霍夫曼的编码表，然后按照表格一一翻译。在17.1节中，一个霍夫曼编码树已经生成，各字符的编码情况如图17-7所示。当收到待解压字符时，按树状结构依次行进，直到最终的节点，确定要解码的字符，然后输出，例如待解压字符为01001，则前两位01解码为c，后三位001解码为d，以此类推，进行文件的解码。

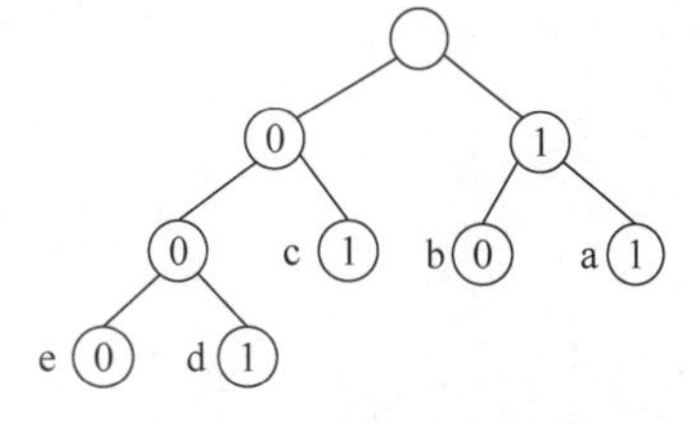

图17-7　霍夫曼编码树

该过程使用门级语言很容易完成，且有很多可探讨的方法，但对于硬件电路来说，维持这样长短不一的树形结构，以及访问过程中按位向下遍历寻找的过程，显得很烦琐。所以，参考某些现有的实现方式，对编码树做适当转化，得到一个解码表，每次访问解码表即可得到要解码的字符，这样可以大大加快解码速度，也更加适合硬件电路实现，图17-7中编码值的一个解码表如表17-5所示。

表17-5　解码表

地　址	编码宽度	编　码　值	对应字符
000	3	65	e
001	3	64	d
010	2	63	c
011	2	63	c
100	2	62	b
101	2	62	b
110	2	61	a
111	2	61	a

该表格的生成方式不做讨论，只是使用此表。例如对于之前的待解压字符01001，会取出前三位，然后按照地址010访问表格，得到字符c，且编码长度为2，所以只使用了前两位01，第三位0没有参与解码，留下继续和后两位01组成001，再次访问解码表，得到字符d，完成解码。

表格中会存放过量的数据，造成资源的浪费，但换来的是速度的提升，而且适合硬件的电路实现。在17.1节编码器中，字符串“abcdeabceabcaba”被编码为0x03C91C8E7B，本节同样使用这组结果，完整解释整个解码过程如表17-6所示。

表 17-6 解码过程

初始	03C91C8E7B		
二进制	00000011_11001001_00011100_10001110_01111011		
定界	1_1110010010001110010001110011111011		
待解码	1110010010001110010001110011111011		
字符 1	111_0010010001110010001110011111011	111 解码 a,2 位	消耗 11,剩余 1
字符 2	100_10010001110010001110011111011	100 解码 b,2 位	消耗 10,剩余 0
字符 3	010_010001110010001110011111011	010 解码 c,2 位	消耗 01,剩余 0
字符 4	001_00011100100011100111111011	001 解码 d,3 位	消耗 001,无剩余
字符 5	000_11100100011100111111011	000 解码 e,3 位	消耗 000,无剩余
字符 6	111_0010001110011111011	111 解码 a,2 位	消耗 11,剩余 1
字符 7	100_10001110011111011	100 解码 b,2 位	消耗 10,剩余 0
字符 8	010_00111001111011	010 解码 c,2 位	消耗 01,剩余 0
字符 9	000_111001111011	000 解码 e,3 位	消耗 000,无剩余
字符 10	111_001111011	111 解码 a,2 位	消耗 11,剩余 1
字符 11	100_1111011	100 解码 b,2 位	消耗 10,剩余 0
字符 12	011_11011	011 解码 c,2 位	消耗 01,剩余 1
字符 13	111_011	111 解码 a,2 位	消耗 11,剩余 1
字符 14	101_1	101 解码 b,2 位	消耗 10,剩余 10
字符 15	11 右侧补 0,为 110	110 解码 a,2 位	消耗 11,无剩余
结果	abcdeabceabcaba		
16 进制	0x616263646561626365616263616261		

由于均在硬件电路中处理,所以并没有涉及软件与硬件存储方式的问题,而是直接按顺序依次编码和解码,读者在自行验证时请注意此点。

17.2.2 设计说明

由于解码过程依然是查表寻找解码值,所以解码器工作的整体环境与编码器相似,如图 17-8 所示,工作时需要附加三个存储单元,待解码文件读出后,从解码表存储器中读取相应的解码值,然后进行解码输出。

但解码器与编码器工作原理略有不同,编码器读取存储器后得到的编码结果是简单的数据拼接,且数据不会反复使用,但是解码器用到的一些数据位还会参与下次运算,也就是表 17-6 中的剩余部分,所以不适合使用流水线的方式实现,而需要采用状态机来设计。经过各种操作及状态的划分,可以得到如图 17-9 所示的整体状态机。

解码过程主要涉及三个阶段,即解码的开始阶段、正常解码阶段和收尾阶段。在开始阶段,主要的任务是确定首字符的定界符位置,然后读取一定的待解压数据进入缓存区,还要确定每次访问解码表存储器的地址宽度,如 3bit。正常解码阶段的状态转换如图 17-10 所示,每次从读解码表开始,然后根据解码表确定输出字符,并判断当前消耗的待解码文件位数,若不超过一个字节,则继续读解码表,若超过一个字节,则读取一个字节的待解码文件,送入解码器的缓存内,维持缓存容量。收尾阶段的状态转换如图 17-11 所示,全部文件已读取,只需要对缓存内容进行解码即可,所以做正常的读解码表和输出字符,然后判断是否结束,如不结束则继续读解码表,如缓存已空则回到初始态,完成解码工作。

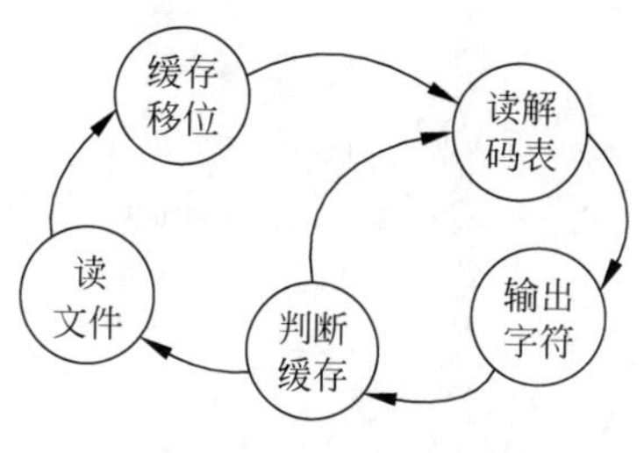

图 17-8 解码器的工作环境

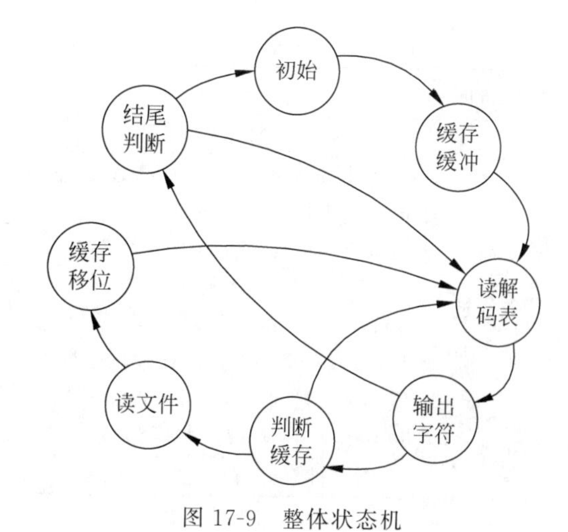

图 17-9 整体状态机

图 17-10 正常解码

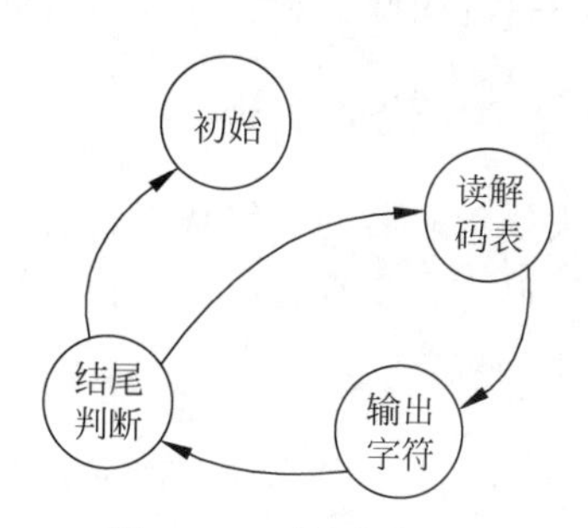

图 17-11 收尾时解码

整个解码器的设计说明如表 17-7 所示。

表 17-7 霍夫曼解码器设计说明

模块名称	霍夫曼解码器		
端口描述	名　　称	宽　　度	说　　明
	clk	1bit	输入端,时钟信号
	rst_n	1bit	输入端,复位信号,异步,低电平使能
	huffman_decoder_enable	1bit	输入端,启动信号,高电平有效
	huffman_decoder_end	1bit	输出端,结束信号,高电平有效
	literal_length	16bit	输入端,解压后文件长度
	huffman_length	16bit	输入端,解压前文件长度
	dtable_read	1bit	输出端,解压表存储器的读使能信号
	dtable_address	16bit	输出端,解压表存储器的地址端
	dtable_data	16bit	输入端,返回解码结果和宽度信息
	huffman_read	1bit	输出端,待解压文件的读使能信号
	huffman_address	16bit	输出端,待解压文件的地址
	huffman_data	8bit	输入端,返回的待解压文件字符
	literal_write	1bit	输出端,解压文件输出的写使能信号
	literal_address	16bit	输出端,解压文件输出的地址
	literal_data	8bit	输出端,解压文件的输出字符

续表

模块名称	霍夫曼解码器
功能描述	① 当 rst_n 下降沿时，解码器复位，正常工作时 rst_n 维持 1 值
	② 待机时，当 huffman_decoder_enable 给高电平，解码器开始工作，同时输入 literal_length 和 huffman_length，给出文件原始长度和压缩后长度，用来判断解压是否完成，以及初步判断解压后文件长度是否相同
	③ 正常工作时，先发出 dtable_read 和 dtable_address，读取解码结果和宽度值，然后发出 literal_write 写信号，把解码结果的字符从 literal_data 送出，给端口 literal_address 写地址，完成一个字符的解码输出。同时，根据解码的宽度值，确定缓存内的数据使用情况，若缓存消耗超过 8 位，则需要发出 huffman_read 和 huffman_address，继续读取待缓存数据，从 huffman_data 端送进解码器
	④ 当文件全部解压完毕，huffman_decoder_end 输出高电平脉冲，解压完成

解码过程同样只对文件内容做操作，而不考虑文件头。

17.2.3 代码实现

霍夫曼解码器的工作状态转换已经介绍的很清晰，编写代码时注意控制存储器即可。

为了确定首字符的位置，可以采用如下的 assign 语句来实现，通过多路选择器快速确定首个 1 的位置：

```
assign first_one = (first[7:4] == 4'd0)?
                   ((first[3:2] == 2'b00) ?
                    (first[1] ? 4'd7: 4'd0) : (first[3] ? 4'd5: 4'd6))
                   :((first[7:6] == 2'b00) ?
                    (first[5] ? 4'd3: 4'd4) : (first[7] ? 4'd1: 4'd2));
```

主状态机的状态转换参考如下：

```
always @( * )
begin
    case (state)
    IDLE:begin                                          //空闲状态
            if(huffman_decoder_enable == 1'b1)          //跳转开始阶段
                next_state = SINGAL_START;
            else
                next_state = IDLE;
        end
    SINGAL_START:begin
            if(counter_done == 1'b1)
                next_state = READ_DTABLE;               //读取缓存结束,则继续
            else
                next_state = SINGAL_START;
        end
    READ_DTABLE:begin
                next_state = BYTE_OUT;
        end
```

```
        BYTE_OUT:begin
                if(huffman_counter == stream_tail)              //收尾阶段的下一状态
                    next_state = STREAM_END;
                else                                            //正常解码的下一状态
                    next_state = BIT_PROCESS;
            end
        BIT_PROCESS:begin
                if((bitpos)>= 8'd8)                             //收尾时的分支
                    next_state = READ_HUFF;
                else                                            //正常解码时的分支
                    next_state = READ_DTABLE;
            end
        READ_HUFF:begin
                    next_state = SHIFT;                         //依次进行
            end
        SHIFT:begin
                    next_state = READ_DTABLE;                   //依次进行
            end
        STREAM_END:begin
                if(bitpos == 8'd32 && decompress_mode == 1'b1)
                    next_state = FINAL;                         //32 位缓存耗尽,结束
                else
                    next_state = READ_DTABLE;                   //否则继续循环
            end
        FINAL:begin
                next_state = IDLE;                              //返回初始态
            end
        default:begin
                next_state = IDLE;
            end
        endcase
    end
```

内部缓存部分,以及判断所用位数是否超过 8 位(1 字节的)的部分,参考如下:

```
always @(posedge clk or negedge rst_n)
begin
    if(rst_n == 1'b0)
        bitcontainer <= 32'd0;                                  //复位
    else if ((state  == SINGAL_START && comb_counter != 0) ||
            (state == SHIFT && next_state == READ_DTABLE) ||
            (state == SHIFT && next_state == STREAM_END))
        bitcontainer <= {bitcontainer[23:0],huffman_data};      //缓存移位
    else
        bitcontainer <= bitcontainer;                           //缺省操作
end

always @(posedge clk or negedge rst_n)
begin
```

```
    if(rst_n == 1'b0)
        bitpos <= 8'd0;                                               //复位
    else if (state == SINGAL_START && next_state == READ_DTABLE)
        bitpos <= first_one;                                          //字符定界
    else if ( (state == BYTE_OUT && next_state == BIT_PROCESS) ||
              (state == BYTE_OUT && next_state == STREAM_END))
        bitpos <= bitpos + dtable_data[7:0];                          //位数累计
    else if (state == SHIFT && next_state == READ_DTABLE)
        bitpos <= bitpos - 8'd8;                                      //超过一个字节时,减 8 位
    else
        bitpos <= bitpos;                                             //缺省操作
end
```

读取编码表的代码参考如下：

```
wire    [7:0]  shift_bits;
assign  shift_bits = 8'd32 - max_nbbits;                        //确定发出的地址长度

always @(posedge clk or negedge rst_n)
begin
    if(rst_n == 1'b0)                                           //复位
    begin
        dtable_read <= 1'b0;
        dtable_address <= 16'd0;
    end
    else if (state == IDLE && next_state == SINGAL_START)
    begin
        dtable_read <= 1'b1;                                    //空闲到开始
        dtable_address <= 16'd0;
    end
    else if (state == SINGAL_START && next_state == READ_DTABLE)
    begin
        dtable_read <= 1'b1;                                    //缓存结束,开始读编码表
        dtable_address <= (bitcontainer << first_one)>>(8'd32 - max_nbbits);
                                                                //定位首个字符地址,注意逻辑关系
    end
    else if ( (state == SHIFT && next_state == READ_DTABLE) ||
              (state == BIT_PROCESS && next_state == READ_DTABLE) ||
              (state == STREAM_END && next_state == READ_DTABLE))
    begin
        dtable_read <= 1'b1;                                    //多种情况下读,且做地址的移位
        dtable_address <=  (bitcontainer << bitpos)>> shift_bits;        //生成地址
    end
    else
    begin
        dtable_read <= 1'b0;                                    //不在条件内的 read 信号要清除
        dtable_address <= dtable_address;                       //但地址不要动
    end
end
```

待解码文件读取的代码如下：

```
always @(posedge clk or negedge rst_n)
begin
    if(rst_n == 1'b0)                                  //复位
    begin
        huffman_read <= 1'b0;
        huffman_address <= 16'd0;
        huffman_counter <= 16'd0;
    end
    else if (state == BIT_PROCESS && next_state == READ_HUFF)
    begin
        huffman_read <= 1'b1;
        huffman_address <= huffman_address - 1;
        huffman_counter <= huffman_counter + 1;
    end
    else if (state == IDLE && next_state == SINGAL_START)
    begin
        huffman_read <= 1'b1;                          //读第一个字
        huffman_address <= huffman_length - 1;
        huffman_counter <= 16'd0;
    end
    else if (next_state == SINGAL_START && comb_counter < 3'd3)
    begin
        huffman_read <= 1'b1;                          //读待解压字符,读满缓存
        huffman_address <= huffman_address - 1;
        huffman_counter <= huffman_counter + 1;
    end
    else if (state == SINGAL_START && next_state == READ_DTABLE)
    begin                                              //读满缓存,并开始第一次读编码表
        huffman_read <= 1'b0;                          //复位
        huffman_address <= huffman_address;
        huffman_counter <= 16'd4;                      //已读取 4 个字节,因为缓存设置 32 位
    end
    else
    begin
        huffman_read <= 1'b0;                          //使能信号一般清空
        huffman_address <= huffman_address;            //但数据寄存器一般维持
        huffman_counter <= huffman_counter;
    end
end
```

最终的解码后输出字符,代码如下：

```
always @(posedge clk or negedge rst_n)
begin
    if(rst_n == 1'b0)                                  //初始状态
    begin
        literal_data <= 8'd0;
```

```
        literal_address <= 16'hffff;
        literal_write <= 1'b0;
        literal_counter <= 16'd0;
    end
    else if ((state == BYTE_OUT && next_state == BIT_PROCESS) ||
                (state == BYTE_OUT && next_state == STREAM_END))
    begin                                       //两种情况下输出字符
        literal_data <= dtable_data[15:8];
        literal_address <= literal_address + 1;
        literal_write <= 1'b1;
        literal_counter <= literal_counter + 1;
    end
    else if (next_state == IDLE)                //结束后回到初始态,所有寄存器复位
    begin
        literal_data <= 8'd0;
        literal_address <= 16'hffff;
        literal_write <= 1'b0;
        literal_counter <= 16'd0;
    end
    else                                        //缺省条件,规则与前面代码相同
    begin
        literal_data <= literal_data;
        literal_address <= literal_address;
        literal_write <= 1'b0;
        literal_counter <= literal_counter;
    end
end
```

其余部分代码相对简单,不一一列出。

17.2.4 仿真验证

编写测试平台,验证所设计的解码器模块是否正确。解码模块的数据不如编码器那么一目了然,为了便于理解,测试的是表17-6中的数据,即0x03C91C8E7B,应该解码出字符串"abcdeabceabcaba"。

同样地,给出核心部分并注释含义,其余内容不在书中罗列。参考代码如下:

```
initial
begin
    rst_n = 1'b1;huffman_decoder_enable = 0;
    dtable_sram_initial = 0;
    huffman_sram_initial = 1'b0;                //各种初始数值
    #20 rst_n = 1'b0;
    #20 rst_n = 1'b1;                           //复位一次
    literal_length = 16'd15;                    //原文件15字节长
    huffman_length = 16'd5;                     //压缩后文件,5字节长
    dtable_length = 16'd8;                      //解码表大小,8个单元
    read_huffman;                               //任务,读待解码文件进存储器
```

```
    read_dtable;                                  //任务,读解码表进存储器
    read_reference;                               //任务,读参考文件进存储器

    @(posedge clk);                               //对齐边沿
    #10 huffman_decoder_enable = 1;
    #10 huffman_decoder_enable = 0;               //启动解码器

    @(posedge huffman_decoder_end);               //等待解码结束

    #10 ;
    for(i = 0;i < literal_length;i = i + 1)       //用 for 循环,验证所得文件和参考文件
    begin                                         //是否一致
        if(literal_memory[i] == reference_memory[i])
            flag_r = 1;
        else
            begin
                $ display("the memory data of address  % h is error!",i);
                flag_e = 1;
            end
    end

    if(flag_e == 1)                               //根据不同情况,输出信息
        $ display("Error,Try again!");
    else if (flag_r == 1)
        $ display("The Test is Passed!!");
    else
        $ display("What's wrong??????");
    #50 $ stop;                                   //停止仿真
end
```

上述代码中使用到的三个任务与编码器测试模块中类似,故不再重复。运行仿真后观察仿真波形,开始部分如图 17-12 所示。在启动信号产生后,huffman_read 发出高电平,依次读取待解码文件,从地址 4 读到地址 1,读出 03、c9、1c 和 8e 四个字符,然后 dtable_read 发出读信号,发出第一个地址 7(参考表 17-6),读出第一个编码 61(即 a),然后写到存储器

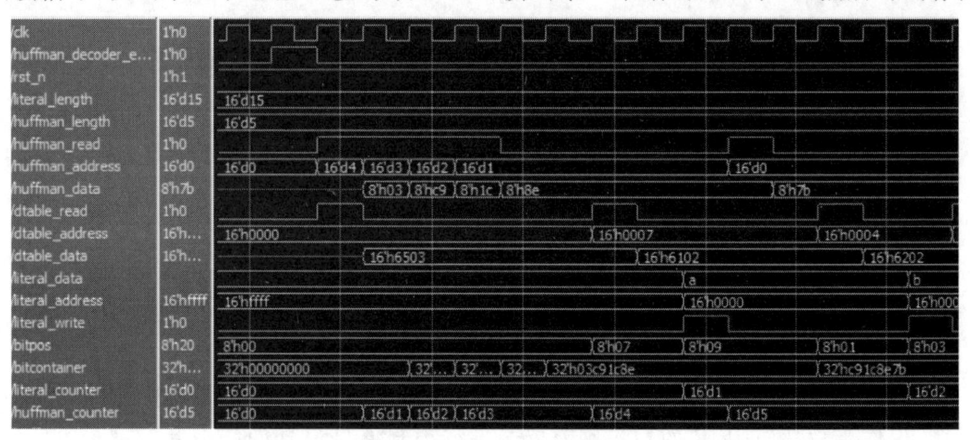

图 17-12　仿真开始部分波形图

中。bitpos 的数值随后加到 9,超过 8,所以减 8 后读取下一个字节,huffman_address 为 0,读出 7b 并存入缓存 bitcontainer,可以看到其数据从 32'h03c91c8e 变为 32'hc91c8e7b,最前面的字符 03 移出。

图 17-13 显示了整个解码器的完整工作波形,中间的 literal_data 依次输出字符"abcdeabceabcaba",与期待结果一致。最终解码结束,bitpos 变为 32,缓存清空,literal_counter 计数到 15,与原文件长度一致,huffman_decoder_end 生成高电平脉冲,表示仿真结束。

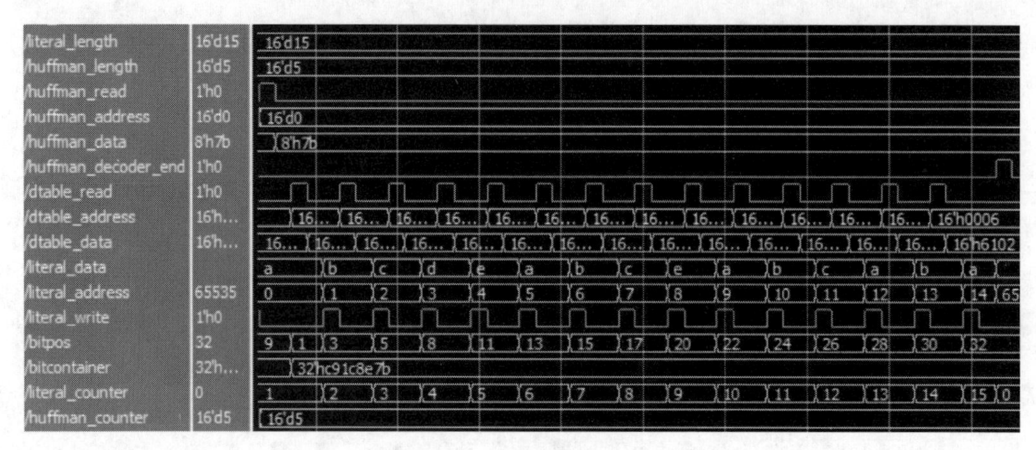

图 17-13 整体波形图

也可以使用存储器观察结果,如图 17-14 所示,上方的 literal_memory 是解码器输出的结果,下方的 reference_memory 是参考结果,二者一致,解码器功能正确。

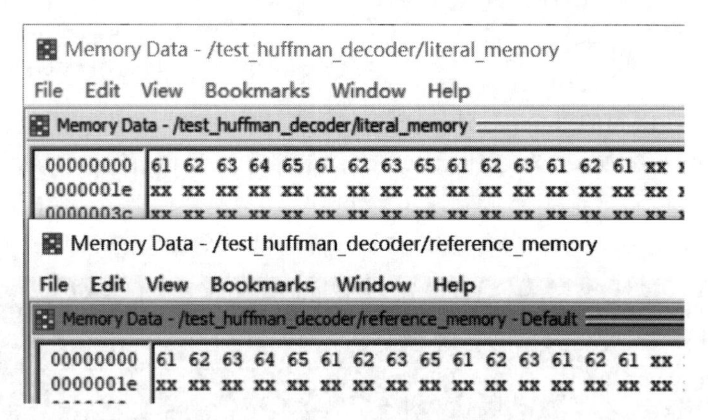

图 17-14 存储器对照

17.3 简易 CPU 设计

本节要完成一个简易 CPU 模型,该模型具备简单的指令,但是与实际 CPU 还有一定的差距,仅作为教学使用,目的在于培养读者进行控制信号设计的能力并了解 CPU 的基本原理。由于 CPU 的功能比较复杂,需要读者具有一定的计算机体系基础,虽然在本例中也会介绍 CPU 各部分的功能以及指令的基本概念，但还是建议不具备这部分知识的读者系统地学习相关教材后再学习此例。

17.3.1　基本要求

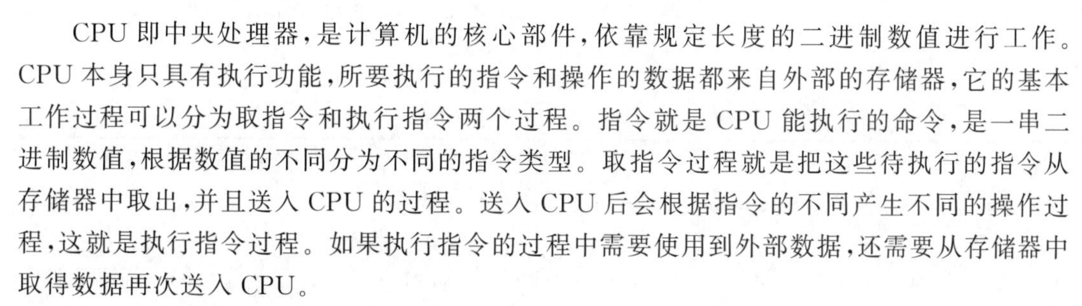

CPU 即中央处理器，是计算机的核心部件，依靠规定长度的二进制数值进行工作。CPU 本身只具有执行功能，所要执行的指令和操作的数据都来自外部的存储器，它的基本工作过程可以分为取指令和执行指令两个过程。指令就是 CPU 能执行的命令，是一串二进制数值，根据数值的不同分为不同的指令类型。取指令过程就是把这些待执行的指令从存储器中取出，并且送入 CPU 的过程。送入 CPU 后会根据指令的不同产生不同的操作过程，这就是执行指令过程。如果执行指令的过程中需要使用到外部数据，还需要从存储器中取得数据再次送入 CPU。

本模型是为了完成 CPU 的基本操作，所以在结构上与正常 CPU 基本相似，只是在功能上做一些简略处理，指令和数据的长度定为 8 位。CPU 具备 4 种基本功能：加法(add)、与逻辑(and)、跳转(jmp)和取数(mov)。

17.3.2　指令格式

指令格式是设计一个 CPU 首先要确定的问题，由计算机体系的相关知识可知，一条计算机指令可以划分为：操作码部分和地址码部分，如图 17-15 所示。

操作码	地址码

图 17-15　指令格式

操作码用于反映 CPU 要执行何种操作，比如本设计中要完成的加法、与逻辑、跳转和取数四种操作，就是通过操作码来确定的。关于操作码的定义方式也有很多种，大致上可以分为可变长度和固定长度两类，其中又以固定长度的操作码最为简单，所以本例中采用此种方式。本 CPU 共要设计四种指令，所以操作码选择 2 位长度，这样就能以 00、01、10、11 来区分四种操作。

整个指令的长度是 8 位，除去 2 位操作码之外，剩下的 6 位就是地址码。地址码的实现方式也有很多选择，实际上寻址方式的确定也是指令格式的重要设计步骤。常见的寻址方式有立即数寻址、直接寻址、间接寻址等，本例的 CPU 选择其中最为简单的两种方式：立即数寻址和直接寻址。所谓立即数寻址，即指令格式中的地址码部分就是要操作的操作数。例如 00_001000 这条指令，如果采用立即数寻址，就表示后 6 位 001000 是要操作的数。直接寻址需要使用到存储器，使用该种寻址方式时后 6 位作为访问存储器的地址码，由于地址码有 6 位，能够直接访问的存储器容量就是 64，即存储器是包含有 64 个 8 位数据的存储单元。还是 00_001000 这条指令，如果采用直接寻址，表示在存储器地址为 001000 的存储单元中的数据是要操作的数，此时若存储器 mem[8]中保存的数据是 0101_1100，就表示要对 0101_1100 进行操作。

正常情况下区分寻址方式要设置寻址特征位，本例也做简化处理，设定在四种操作时分别采用固定的寻址方式。加法操作采用直接寻址方式，与逻辑操作采用直接寻址方式，跳转操作采用立即数寻址方式，取数操作采用立即数寻址方式。固定寻址方式可以使设计得到进一步的简化，也便于初学者理解。

综合上述介绍，可以得到最终的指令格式如表 17-8 所示。

表 17-8 指令格式及操作

操作类型	指令代码	操作过程
add	00××××××	将存储器地址为××××××的数据与 CPU 中 acc 单元的已有数据做加法操作,结果送回 acc 中
and	01××××××	将存储器地址为××××××的数据与 CPU 中 acc 单元的已有数据做与逻辑运算,结果送回 acc 中
jmp	10××××××	指令地址跳转到××××××
mov	11××××××	将××××××数据送至 acc 中

17.3.3 划分子模块

按照 CPU 的基本功能,参考计算机体系的相关知识,可以确定本例 CPU 中包含的基本单元结构。一个 CPU 中应该包括程序计数器 PC、指令寄存器 IR、算术逻辑单元 ALU、累加器 ACC 和控制单元 CU,另外,本例中加入了地址寄存器和数据寄存器,地址寄存器用于存放地址,数据寄存器用于存放整条指令或者存放存储器送来的数据。

按照上述的结构可得本设计模块的顶层模块代码,实例化部分是包含的子模块。需要说明的是,按照正常的设计流程,顶层模块并不是最先出现的代码部分,而应该在确定子模块之后对子模块进行编写,然后再用顶层模块将这些子模块串联起来,而在设计最初,整体结构划分仅仅像前面所说的分成若干个单元,然后就会进入子模块的设计过程。本例中采用先给出顶层模块的顺序主要是为了讲解方便,有从顶层向下看到底层的一个分析过程。

CPU 的顶层模块端口较少,如表 17-9 所示。

表 17-9 CPU 设计说明

模块名称	CPU		
端口描述	名　称	宽　度	说　明
	clk	1bit	输入端,时钟信号
	rst	1bit	输入端,复位信号,异步,高电平使能
	read	1bit	输出端,读写控制
	dout	6bit	输出端,地址信息
	acout	8bit	输出端,观察信号,功能验证后即可删
	din	8bit	输入端,从主存取回的数据
功能描述	① 当 rst 上升沿时,CPU 复位,正常工作时 rst 维持 0 值		
	② 其余时刻,从存储器读取指令和数据,并做相应操作		

顶层模块参考代码如下:

```
module simplecpu(din,rst, clk, read, dout, acout);
input [7:0]din;
input rst, clk;
output read;
output [5:0]dout;
output [7:0] acout;
```

```
wire [1:0]irout;
wire [5:0]dout,pcdbus;
wire [7:0] dbus;
wire [7:0] aluout;
wire [7:0] ac,drdbus;
wire arload, pcload, pcinc,pcbus,drbus,membus, drload, acload, acinc,
alusel, irload;

wire [7:0] drin;
wire acmov;
ar iar(dbus[5:0],rst,arload, clk, dout);
pc ipc(dbus[5:0],clk, rst, pcload, pcinc, pcdbus[5:0]);
dr idr(dbus,clk, rst, drload, drdbus,drin);
acc iac(aluout,drin[5:0],clk, rst, acload,acmov,ac);
alu ialu(ac, dbus, alusel, aluout);
ir iir(dbus[7:6],clk, rst, irload, irout);
cu icu(irout, clk, rst, arload, pcload, pcinc, drload, acload, acmov,
   irload, alusel, membus, pcbus, drbus, read);

assign dbus[5:0] = (pcbus)?pcdbus[5:0]:6'bzzzzzz;
assign dbus = (drbus)?drdbus:8'bzzzzzzzz;
assign dbus = (membus)?din:8'bzzzzzzzz;
assign acout = ac;

endmodule
```

在顶层模块中设计了一条数据总线，在 pcbus、drbus 和 membus 三个控制信号生效时分别将 pc、dr、mem 中的数据送入数据总线，这是一种设计方法。还可以使用单独的控制线和数据线连接这些信号，这是另一种方法。在计算机体系结构中对应着两种不同的 CPU 模型，读者可以在理解本例代码的基础上进行修改。执行该顶层模块的设计代码可以得到图 17-16 所示的整体结构图。

17.3.4 控制模块设计

控制模块是整个 CPU 的核心，在确定整体结构之后，第一个要设计的应该是控制模块。由计算机体系的相关知识可知，控制模块的主要功能是根据 CPU 的工作时钟给出每条指令的时钟周期，使其他单元能在控制模块送出的各种控制信号作用下按一定顺序工作，然后完成整个指令。

简单来看一条 add 指令执行的过程中 CPU 应完成哪些的操作步骤。由于所有的指令都存放在存储器中，所以每次执行指令都需要先把指令从存储器中取出。而取出哪条指令由 CPU 中的程序计数器 pc 决定，程序计数器 pc 中存放下一条指令的地址。这样要执行一条 add 指令 00_000001，先要把这条指令存放在存储器的某个单元，如 mem[11]中，存储器的地址就是 11 的二进制表示 001011，如果要执行此指令就要把 pc 中的值变为 001011。现在假设这些初始值都已经存放在应存放的位置，即 mem[11]中存放了数据 00_000001，pc 中的数据是 001011，另外假设 mem[1]中存放的数据是 00001111，这是要操作的数据。

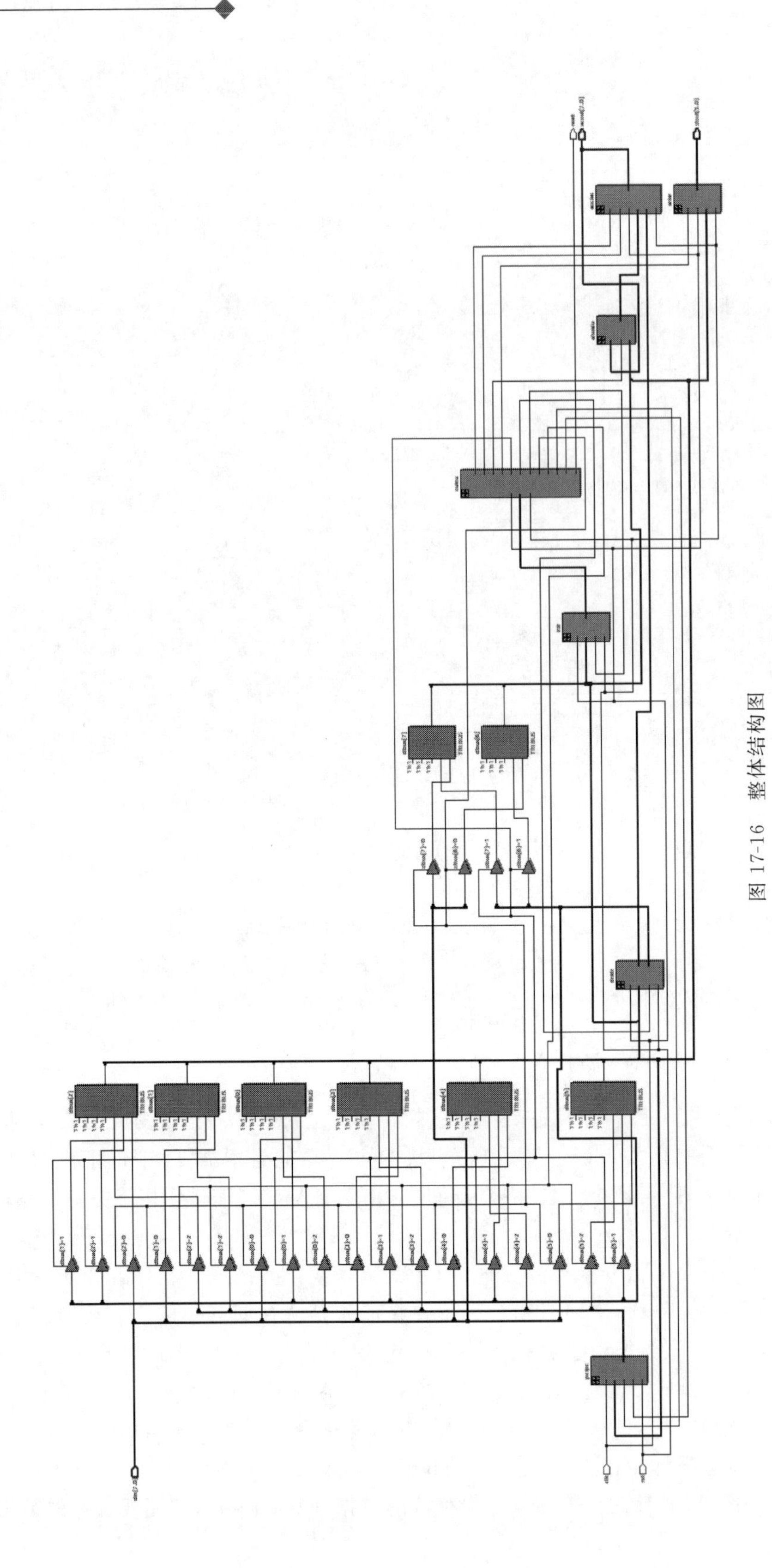

图 17-16 整体结构图

指令开始执行，首先要从 pc 中取出数据 001011，此时该二进制数值被 CPU 视为地址，要按此地址寻找存储器的对应单元，按照存储器的存取过程，需要先把 001011 放入地址寄存器中，而此过程一般会占用一个时钟周期，此周期内 CPU 无法做其他操作，这就是第一个周期要完成的工作。接下来第二个时钟周期存储器要根据地址 001011 寻找数据并把 mem[11]中的数据 00_000001 送回 CPU，整个过程也要占用一个时钟周期，但是此周期是在 CPU 外部完成的，CPU 只需要等待数据送回即可。为了不浪费 CPU 的使用率，此周期中可以完成 pc 加 1 的操作，即把 pc 中存放的数据由 001011 加 1 变为 001100，这是为了下一条指令使用。这两个操作构成了第二个周期。当第三个时钟周期来临时，存储器已经把数据 00_000001 送入 CPU，CPU 识别此数据为指令，需要按指令来处理，所以把整个 8 位数据拆分为两个部分，操作码部分 00 送入指令寄存器 ir，地址码部分 000001 再次送回 ar，准备从存储器中取出要操作的数据，这样第三个周期完成。

前三个时钟周期在每个指令执行过程中都是相似的，合在一起称为取指过程。接下来根据指令的不同进行后续处理，称为执行过程。指令不同，执行的过程也大大不同，在第四个时钟周期里，CPU 识别出操作码为 00，应该完成 add 指令，所以从存储器中取出要操作的数据，地址为 000001，即取出 mem[1]中的数据 00001111，整个过程也要占据一个时钟周期。第五个时钟周期里，CPU 会把从 mem[1]中取到的数据 00001111 送到 acc 中，此时 acc 已经知道要进行相加处理，会把原本存在 acc 中的数据与 00001111 送入算术逻辑单元作相加操作，得到的结果继续存在 acc 中，这样完成了整个指令。到此为止，指令 00_000001 执行完毕。如果 CPU 继续运行就会在下一个时钟周期取出 pc 中的新值 001100，然后继续上述过程。

在本条指令执行过程中，所有的控制信号均由控制模块 cu 给出，如读取存储器、把操作码和地址码分别送入 ir 和 ar、控制 acc 作相加操作等，都是由 cu 的控制信号通过高低电平来控制的，控制模块的设计就是按照每条指令的执行过程来分析并得出一个所有指令都能够适用的时钟周期，并在周期中完成控制信号的变化。此步骤有通用的设计过程，但本书中不展开讲解，请读者参阅计算机组成原理的相关教材。

按照控制模块应有的工作方式，得到 cu 的设计模块代码如下：

```
module cu(din, clk, rst, arload, pcload, pcinc, drload, acload, acmov,
  irload, alusel, membus, pcbus, drbus, read);
input [1:0] din;
input clk, rst;
output arload, pcload, pcinc, drload, acload,acmov, irload, alusel,
membus, pcbus, drbus, read;

wire clr, inc, ld;
wire [3:0] cnt;
reg [3:0] counter_out;
reg fetch1, fetch2, fetch3, add1, add2, and1, and2, jmp, mov;

//总线控制信号
assign membus = fetch2 || and1 || add1;
assign pcbus = fetch1;
```

```
assign drbus = fetch3 || and2 || add2 || jmp;

//各子模块的控制信号
assign arload = fetch1 || fetch3;
assign pcload = jmp;
assign pcinc = fetch2;
assign drload =  fetch2 || and1 || add1;
assign acload = add2 || and2;
assign acmov = mov;
assign irload =  fetch3;
assign alusel = and2;

//控制指令执行过程的控制信号
assign read =  fetch2 || add1 || and1;
assign ld = fetch3;
assign inc = fetch1||fetch2 ||add1||and1;
assign clr = and2||add2||mov||jmp;

assign cnt = {1'b1, din[1:0],1'b0};                    //指令执行过程所用的跳转数据

always @(posedge clk or posedge rst)
    begin
        if(rst)                                         //复位信号
            begin
                fetch1 = 0;
                fetch2 = 0;
                fetch3 = 0;
                add1 = 0;
                add2 = 0;
                and1 = 0;
                and2 = 0;
                jmp = 0;
                mov = 0;
                counter_out = 0;
            end
    else if(clr)
        counter_out = 0;                                //重新计数
     else if(ld)
        counter_out = cnt;                              //载入 cnt 值,执行不同指令
     else if(inc)
        counter_out = counter_out + 1;                  //加一操作

    case(counter_out)
    0:  begin                                           //取指第一个周期
            fetch1 = 1;
            fetch2 = 0;
            fetch3 = 0;
            add1 = 0;
            add2 = 0;
```

```
            and1 = 0;
            and2 = 0;
            jmp = 0;
            mov = 0;
    end
1:  begin                                           //取指第二个周期
            fetch2 = 1;
            fetch1 = 0;
            fetch3 = 0;
            add1 = 0;
            add2 = 0;
            and1 = 0;
            and2 = 0;
            jmp = 0;
            mov = 0;
    end
2:  begin                                           //取指第三个周期
            fetch3 = 1;
            fetch1 = 0;
            fetch2 = 0;
            add1 = 0;
            add2 = 0;
            and1 = 0;
            and2 = 0;
            jmp = 0;
            mov = 0;
    end
8:  begin                                           //add 指令执行过程第一周期
            add1 = 1;
            fetch1 = 0;
            fetch2 = 0;
            fetch3 = 0;
            add2 = 0;
            and1 = 0;
            and2 = 0;
            jmp = 0;
            mov = 0;
    end
9:  begin                                           //add 指令执行过程第二周期
            add2 = 1;
            fetch1 = 0;
            fetch2 = 0;
            fetch3 = 0;
            add1 = 0;
            and1 = 0;
            and2 = 0;
            jmp = 0;
            mov = 0;
    end
10: begin                                           //and 指令执行过程第一周期
```

```
                and1 = 1;
                fetch1 = 0;
                fetch2 = 0;
                fetch3 = 0;
                add1 = 0;
                add2 = 0;
                and2 = 0;
                jmp = 0;
                mov = 0;
        end
    11: begin                                           //and 指令执行过程第二周期
                and2 = 1;
                fetch1 = 0;
                fetch2 = 0;
                fetch3 = 0;
                add1 = 0;
                add2 = 0;
                and1 = 0;
                jmp = 0;
                mov = 0;
        end
    12: begin                                           //jmp 指令执行周期,仅一个
                jmp = 1;
                fetch1 = 0;
                fetch2 = 0;
                fetch3 = 0;
                add1 = 0;
                add2 = 0;
                and1 = 0;
                and2 = 0;
                mov = 0;
        end
    14: begin                                           //mov 指令执行周期,仅一个
                mov = 1;
                fetch1 = 0;
                fetch2 = 0;
                fetch3 = 0;
                add1 = 0;
                add2 = 0;
                and1 = 0;
                and2 = 0;
                jmp = 0;
        end
    default: begin                                      //默认情况
                fetch1 = 1;
                fetch2 = 0;
                fetch3 = 0;
                add1 = 0;
                add2 = 0;
                and1 = 0;
```

```
                and2 = 0;
                jmp = 0;
                mov = 0;
        end
        endcase

        end

endmodule
```

可以看到整个控制模块其实就是一个状态机，根据状态的不同来控制不同的信号输出。本设计中没有直接生成控制信号，而是用状态信号表示当前工作的状态，在代码的前半部分使用 assign 语句根据状态生成控制信号。设计的方法并不是唯一的，读者可以自行尝试其他方式。该模块可以得到图 17-17 所示的电路结构图。

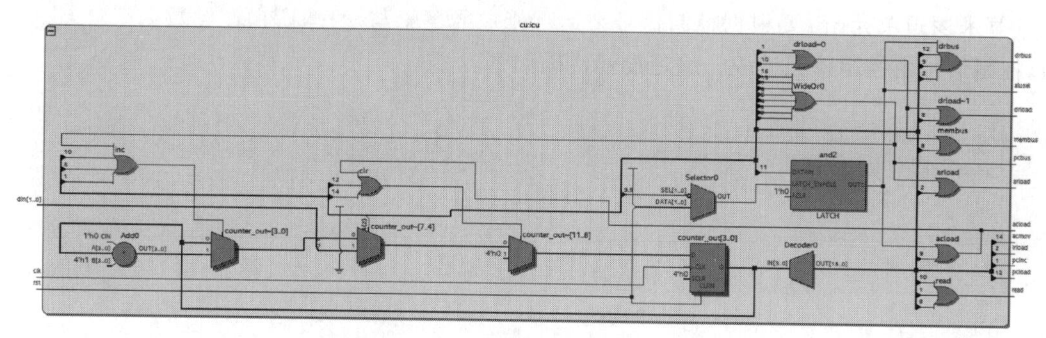

图 17-17　控制模块 cu 整体结构图

17.3.5　其余子模块设计

除控制模块外，其他子模块的设计稍显简单，合并为一节。首先是程序计数器 pc，程序计数器的功能就是在正常情况下进行加 1 操作，在 jmp 指令执行时把要跳转的地址送到 jmp 中，外加复位操作，所以可以得到如下设计代码：

```
module pc(din,clk,rst,ld,inc,dout);
input [5:0] din;
input clk,ld,inc,rst;
output [5:0] dout;
reg [5:0] dout;

always @(posedge clk)
if(rst)
    dout = 0;                                   //复位
else if(ld)
    dout = din;                                 //载入
else if(inc)
    dout = dout + 1;                            //加一

endmodule
```

该代码可以得到图 17-18 所示的电路结构。

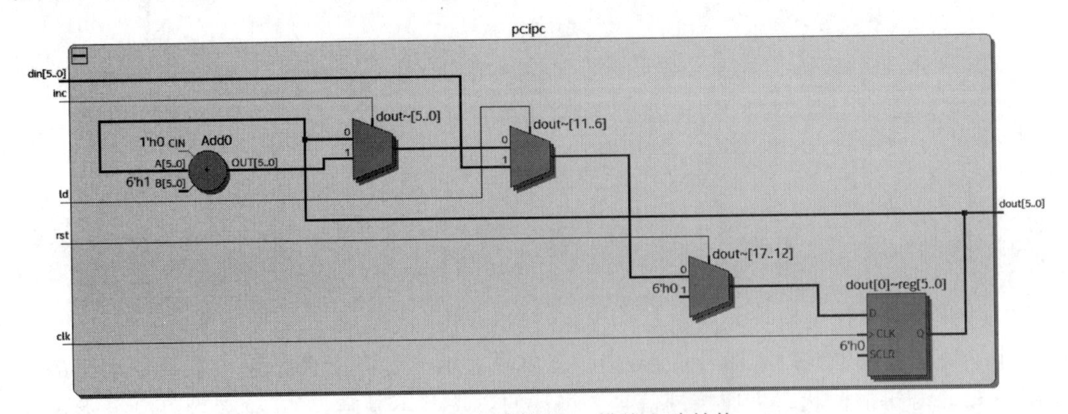

图 17-18　程序计数器 pc 模块电路结构

算术逻辑单元 alu 要根据控制信号来运行相加或逻辑与操作，所操作的数据来自 acc 和 dr，控制信号由控制单元生成。编写设计代码如下：

```
module alu(ac, dr, alusel, acc);
input [7:0] ac,dr;
input alusel;
output [7:0] acc;
reg [7:0] acc;

always@(ac or dr or alusel)
if(alusel)
    acc = ac&dr;                          //逻辑与
else
    acc = ac + dr;                        //相加

endmodule
```

该设计模块可以得到图 17-19 所示的电路结构图。

指令寄存器 ir 的功能是暂存指令中的操作码，代码如下：

```
module ir(din, clk, rst, irload, dout);
input [1:0]din;
input clk, rst, irload;
output [1:0]dout;
reg [1:0]dout;

always @(negedge clk)
if(rst)
    dout = 0;
else if(irload)
    dout = din;

endmodule
```

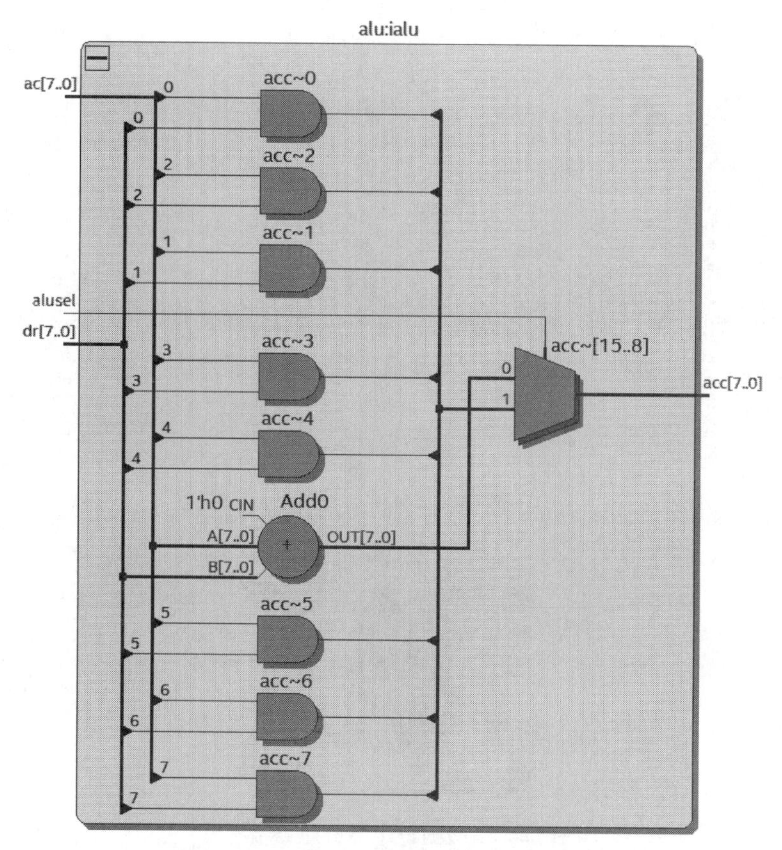

图 17-19　算术逻辑单元 alu 电路结构图

可以得到电路结构图如图 17-20 所示。

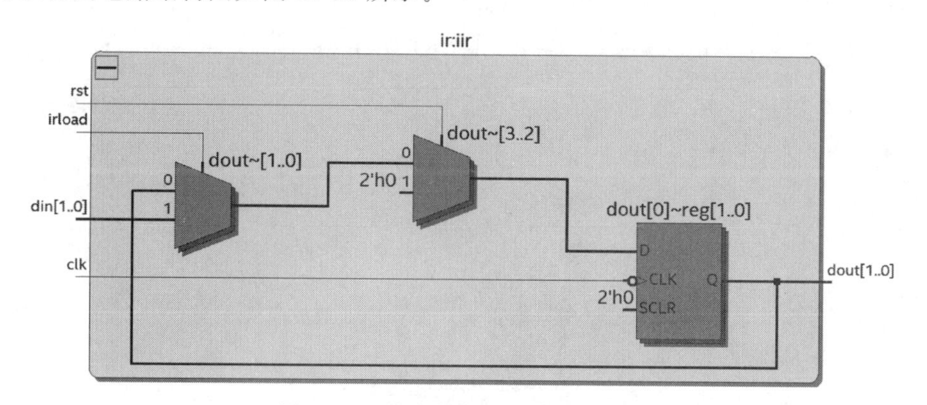

图 17-20　指令寄存器 ir 电路结构图

数据寄存器 dr 用于存放从存储器中取出的数据，设计模块代码如下：

```
module dr(din, clk, rst, drload, dout,accdr);
input [7:0] din;
input clk, rst, drload;
output [7:0] dout;
```

```
reg [7:0]dout;

output [7:0] accdr;

always @(posedge clk or posedge rst)
if(rst)
    dout = 0;
else if(drload)
    dout = din;

assign accdr = dout;

endmodule
```

可得图 17-21 所示的电路结构图，是一个简单的多位寄存器。

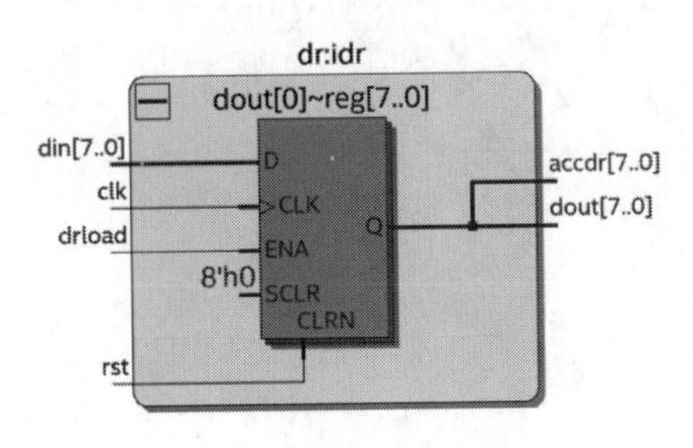

图 17-21　数据寄存器 dr 电路结构图

地址寄存器 ar 用于存放地址，这个地址可以来自 pc，用于取出指令，也可以来自指令的地址码部分，用于取出数据，设计模块代码如下：

```
module ar(din,rst, arload, clk, dout);
input [5:0] din;
input arload, clk, rst;
output [5:0] dout;
reg [5:0] dout;

always@(posedge clk)
if(rst)
    dout = 0;
else if(arload)
    dout = din;

endmodule
```

该设计模块得到电路结构如图 17-22 所示。

累加器 acc 是一个比较特殊的寄存器，用于存放操作的结果数据。例如，在 add 和 and 运算时要把自身数据送入 alu，并把得到的结果再次取回，在 mov 指令执行时需要把数据直

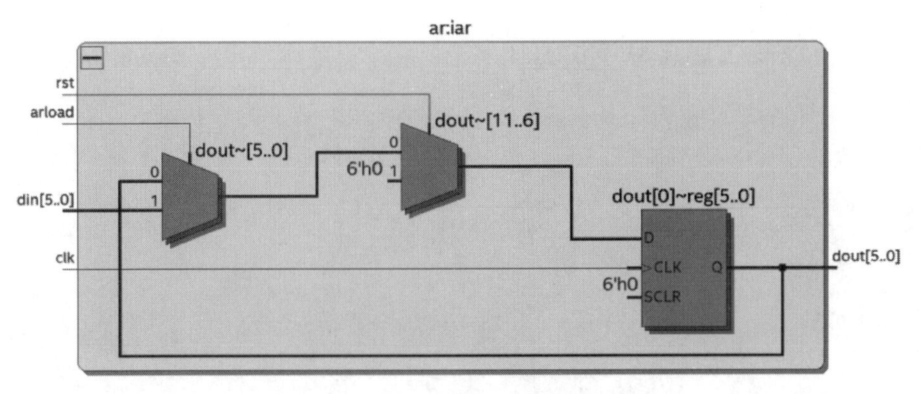

图 17-22　地址寄存器 ar 电路结构图

接送入 acc,可以得到设计模块代码如下:

```
module acc(din,drin, clk, rst, acload, acmov,dout);
input [7:0] din;
input [5:0] drin;
input clk, rst, acload;
input acmov;
output [7:0] dout;
reg [7:0] dout;

always @(posedge clk)
if(rst)
    dout = 0;
else if(acload)
    dout = din;
else if(acmov)
  dout = drin;

endmodule
```

累加器的电路结构图如图 17-23 所示。

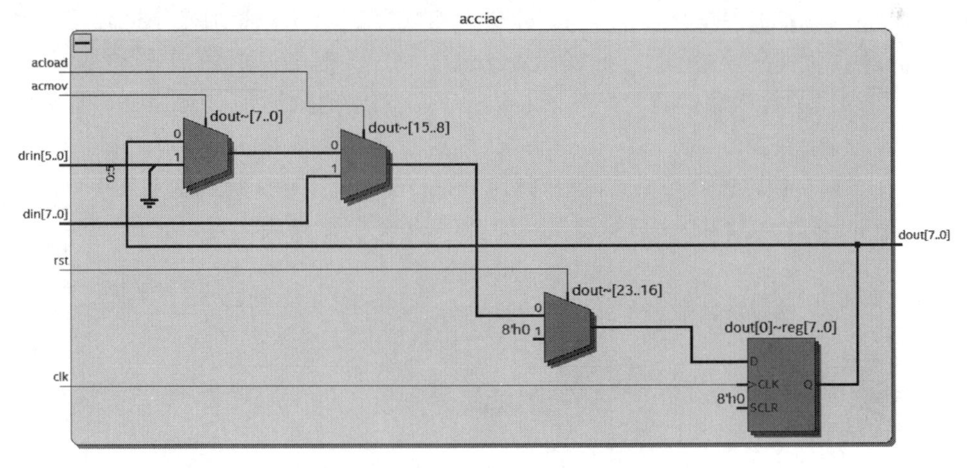

图 17-23　累加器 acc 电路结构图

将上述模块一一设计完毕,用顶层模块将这些子模块串联即可得到最终的设计。

17.3.6 功能仿真与时序仿真

要验证CPU的功能是否正确，还需要一个存储器单元来配合仿真，存储器单元mem的参考代码如下：

```
module mem(addr, read, data);
input[5:0] addr;
input read;
output [7:0] data;
reg [7:0] memory[63:0];

assign data = (read)?memory[addr]:8'bzzzzzzzz;

initial
    begin
        memory[0] = 8'b11000111; //load7
        memory[1] = 8'b00000111; //add [7]    ,acc = 3 + 7 =  1010  = 0aH
        memory[2] = 8'b01000101; //and [5]    ,acc = 0000_1010&0011_1001 = 0000_1000 = 08h
        memory[3] = 8'b10000000; //jmp 0,loop

        memory[5] = 8'b00111001;
        memory[7] = 8'b00000011; //[7] data:3
    end

endmodule
```

在该存储器中仅存放了6个数据，memory [0]～memory [3]中存放的是4条指令，memory [5]和memory [7]中存放的是两个数据。memory [0]中存放的11_000111是mov指令，要把数据000111送入acc，即载入7。memory [1]中存放的00_000111是add指令，用于把acc的值和地址000111的存储单元(即memory [7])中的数据做相加操作，而memory [7]中存放的数据是0000_1111，十进制的数据3，若执行相加操作得到的结果就是10。memory [2]中存放的01_000101是and指令，要把acc中的数据和地址000101(memory [5])中的数据做逻辑与操作，而memory [5]中的数据是0011_1001，如果和上一条指令得到的acc数据0000_1010做逻辑与，得到的结果就是0000_1000。memory [3]中存放的10_000000是跳转命令jmp，重新跳回memory [0]重复执行上述4条指令。

将上述mem单元和CPU顶层模块共同调用，得到测试模块代码如下：

```
`timescale 1ns/1ns

module top;
reg clk, rst;
wire [5:0] addr;
wire [7:0] data;
wire [7:0] acout;
```

```
wire read;

initial
begin
  clk = 0;
  rst = 1;
  #35 rst = 0;
  #1000 $ stop;
end

always #10 clk = ~clk;

simplecpu icpu(data, rst, clk, read, addr, acout);          //功能仿真所用
//cpu icpu(data, rst, clk, read, addr, acout);              //时序仿真所用
mem imem(addr,read,data);

endmodule
```

由于本例中的 CPU 工作过程仅需要时钟信号就足够了,所以测试模块很简单,就是要按照时钟周期的顺序执行存储器中的 4 条指令。另外由于本设计中的 4 条指令都没有送出数据,所以添加一个 acout 的端口来观察 acc 内部的数据,用于判断设计的正确性,此端口在实际使用时可以取消。运行功能仿真可得图 17-24 所示的波形图。

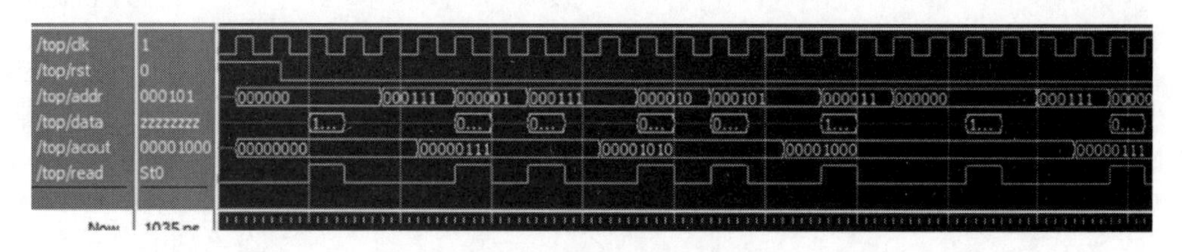

图 17-24 功能仿真波形图

得到后仿真文件并运行时序仿真可得图 17-25 所示的时序仿真波形图。

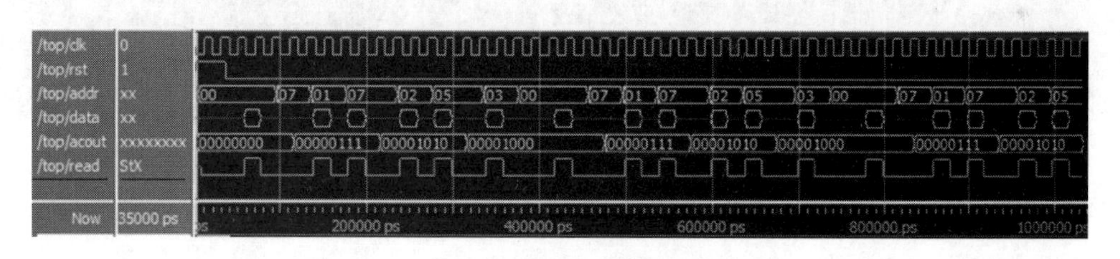

图 17-25 时序仿真波形图

功能仿真结果和时序仿真结果均正确,由于时序仿真更接近实际效果,所以将时序仿真波形图分段截取并展开可观察结果正确性。图 17-26 所示是第一条 mov 指令执行的波形图,注意倒数第二行的 acout 数据变化与时钟信号 clk 边沿的偏移,这表明了该结果来自时序仿真波形图。在波形图中可以看到第三行 addr 给出的地址首先为 00,这是十六进制的指令地址,然后变为 07,这是数据地址,但是本指令没有访问存储器得到数据,而是直接把 07 送入了 acc。在 00 和 07 变化中间,最后一行 read 信号变为高电平,倒数第三行 data 数

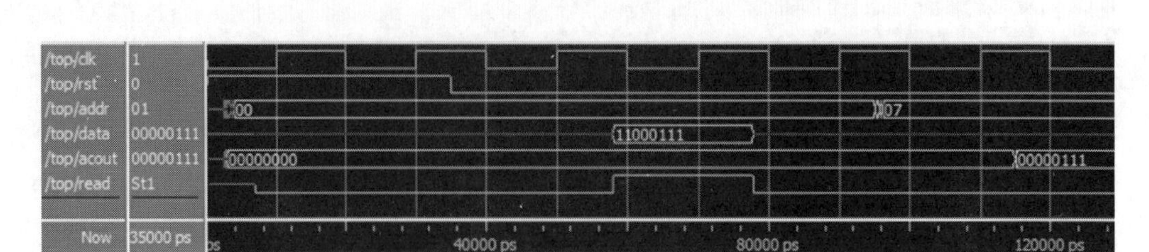

图 17-26 mov 指令执行结果

据变为 11_000111，在地址变为 07 之后 acout 的数据变为 0000_0111，完成指令执行的过程，与设想一致。

图 17-27 所示是第二条 add 指令的执行结果，从波形图中可以看到 acout 结果为 0000_1010，与存储器设计时的设想结果一致。而 addr 给出的地址先是 01 的指令地址，得到的 data 为 00_000111，这是第二条指令，然后是 07 的数据地址，得到的 data 为 0000_0011，这是 memory[7]中的数据，读取过程正确。

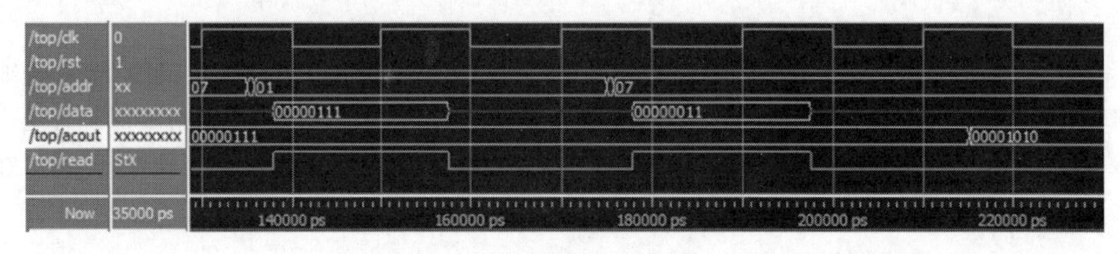

图 17-27 add 指令执行结果

第三条 and 指令所得的结果如图 17-28 所示，运算所得为 0000_1000，符合设计结果。地址线 addr 显示的数据 02 和 05 与图 17-27 中相似，分别是指令地址和数据地址，data 中的数据 0011_1001 是 memory[5]中的数据，读取过程正确。

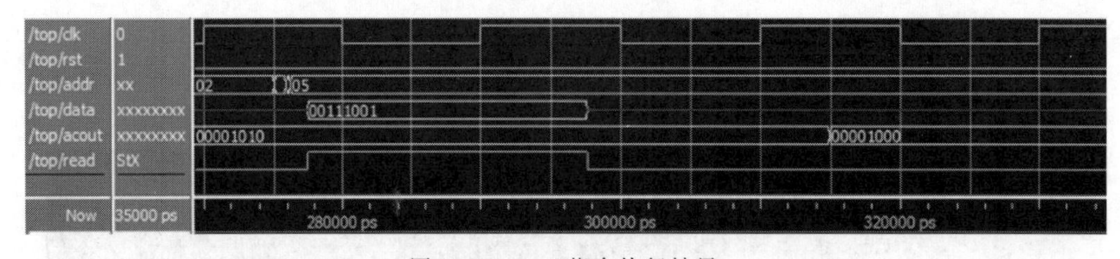

图 17-28 and 指令执行结果

第四条 jmp 指令的结果如图 17-29 所示，经过跳转命令后 acout 值保持不变，因为没有对 acc 进行操作。地址线 addr 中先得到数据 03，然后变为 00，表示跳回第一条指令。

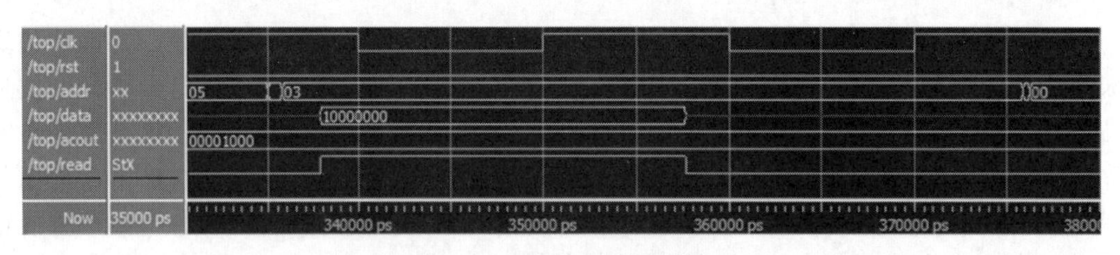

图 17-29 jmp 指令执行结果

由上述几个波形结果可知,本设计中的CPU模块完全能够正确执行所设计的四条指令,设计结果满足预期要求。另外,由于本例CPU功能简单,所以在设计中对一些功能模块做了简化处理,如指令寄存器ir等模块,旨在保证基本功能的基础上简化设计。如果要完成一个标准的CPU设计,需要在本例基础上做大量修改,所以本例中的CPU仅作为教学参考,而不做计算机体系方面的过多讨论。

实　验　篇

实验 1　门级建模及仿真
实验 2　使用 assign 语句建模
实验 3　使用 always 结构建模
实验 4　任务与函数的使用
实验 5　测试模块的设计
实验 6　有限状态机的设计
实验 7　流水线乘法器
实验 8　汉明码模块设计
实验 9　计时器设计
实验 10　二进制转 BCD 码

实验1

门级建模及仿真

实验目的

(1) 掌握 Verilog 模块的基本结构。

(2) 掌握门级建模的语法。

(3) 掌握端口连接方式。

(4) 掌握层次化建模的设计方法。

涉及的语法

模块声明、端口声明、门级建模、模块实例化、仿真流程。

实验内容

(1) 根据给出电路图,完成 3-8 译码器的门级建模。

数字集成电路中的一些常用功能电路大多都已经设计成了芯片,图 E1-1 中展示的是 3-8 译码器的一个实际电子器件: 74LS138。为了显示整洁,电路图已经做了部分调整,使整体的门数尽量减少。整个电路共有 14 个端口,注意最后输出的两级与门和非门的连接可以直接用与非门来完成,会使代码进一步简化。

为了后续的仿真步骤能够正常进行,这里对模块的声明做约定,请在下列代码中补全并实现图 E1-1 的电路功能。

```
module decoder3x8(A,B,C,G1,G2An,G2Bn,Y0,Y1,Y2,Y3,Y4,Y5,Y6,Y7);
//模块名和端口列表已定义
//实验内容一,请完成 3-8 译码器的门级建模
endmodule
```

(2) 结合给出测试模块,实例化 3-8 译码器模块。

由于测试模块还无法自行完成,此处给出测试模块的代码,但缺失其中的实例化语句,请在代码中补全。

```
module test_lab1;
reg  G1,G2An,G2Bn;
reg  A,B,C;
```

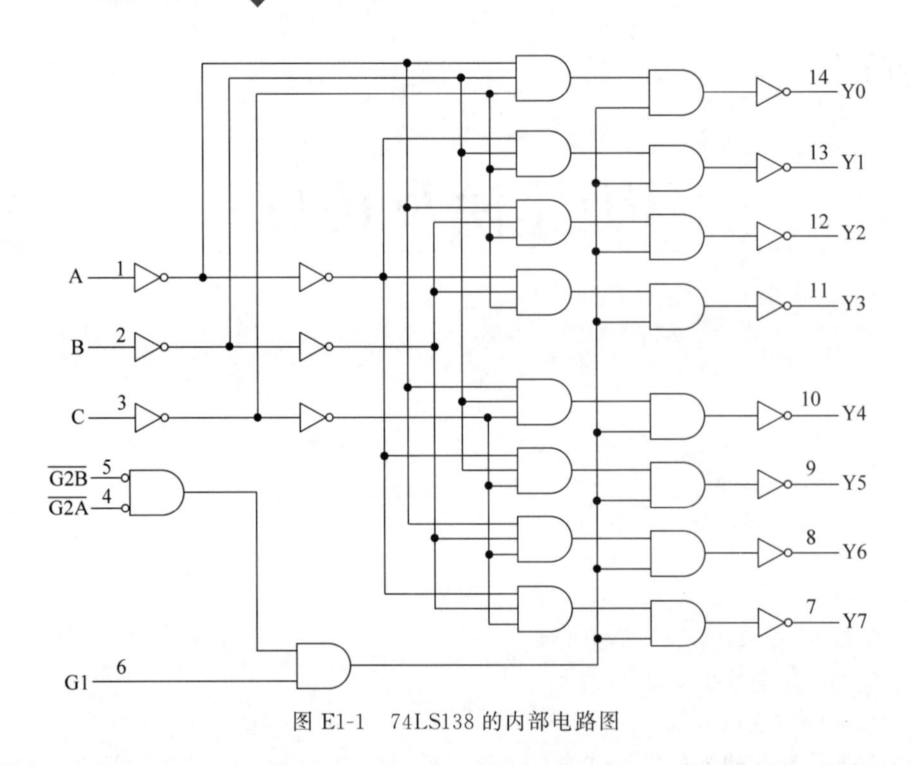

图 E1-1　74LS138 的内部电路图

```
wire  [7:0] Yn1,Yn2;                        //两个模块的输出,对照观察

initial
begin
      {C,B,A} = 3'b000;
      {G1,G2An,G2Bn} = 3'b101;
   #5 {G1,G2An,G2Bn} = 3'b011;
   #5 {G1,G2An,G2Bn} = 3'b100;
     #5 {C,B,A} = 3'b001;
     #5 {C,B,A} = 3'b010;
     #5 {C,B,A} = 3'b011;
     #5 {C,B,A} = 3'b100;
     #5 {C,B,A} = 3'b101;
     #5 {C,B,A} = 3'b110;
     #5 {C,B,A} = 3'b111;
     #5 $stop;
end

//实验内容二:
//请用按顺序连接方式调用 decoder3x8,使用 Y1n 的 8 位
//请用按名称连接方式调用 decoder3x8,使用 Y2n 的 8 位

endmodule
```

(3) 运行仿真,观察并验证结果。

利用已有的设计文件和测试文件,运行仿真软件来得到仿真的输出波形,结合输出波形,说明 ABC 三个端口与输出 Y 之间的关系,并验证功能是否正确。

参考代码

实验内容一：

```
module decoder3x8(A,B,C,G1,G2An,G2Bn,Y0,Y1,Y2,Y3,Y4,Y5,Y6,Y7);
input A,B,C,G1,G2An,G2Bn;
output  Y0,Y1,Y2,Y3,Y4,Y5,Y6,Y7;

wire  An,Ann,Bn,Bnn,Cn,Cnn,G2A,G2B,G2,G;
wire  and0,and1,and2,and3,and4,and5,and6,and7;

not    n1(An,A);
not    n2(Bn,B);
not    n3(Cn,C);
not    n4(G2A,G2An);
not    n5(G2B,G2Bn);
not    n6(Ann,An);
not    n6(Bnn,Bn);
not    n6(Cnn,Cn);
and    a1(G2,G2A,G2B);
and    a2(G,G2,G1);
and    a3(and0,An,Bn,Cn);
and    a4(and1,Ann,Bn,Cn);
and    a5(and2,An,Bnn,Cn);
and    a6(and3,Ann,Bnn,Cn);
and    a7(and4,An,Bn,Cnn);
and    a8(and5,Ann,Bn,Cnn);
and    a9(and6,An,Bnn,Cnn);
and    a10(and7,Ann,Bnn,Cnn);
nand  na11(Y0,and0,G);
nand  na12(Y1,and1,G);
nand  na13(Y2,and2,G);
nand  na14(Y3,and3,G);
nand  na15(Y4,and4,G);
nand  na16(Y5,and5,G);
nand  na17(Y6,and6,G);
nand  na18(Y7,and7,G);

endmodule
```

实验内容二：

```
decoder3x8  mydecoder1(A,B,C,G1,G2An,G2Bn,
                Yn1[0],Yn1[1],Yn1[2],Yn1[3],Yn1[4],Yn1[5],Yn1[6],Yn1[7]);
decoder3x8  mydecoder2(.A(A),.B(B),.C(C),.G1(G1),.G2An(G2An),.G2Bn(G2Bn),
                .Y0(Yn2[0]),.Y1(Yn2[1]),.Y2(Yn2[2]),.Y3(Yn2[3]),
                .Y4(Yn2[4]),.Y5(Yn2[5]),.Y6(Yn2[6]),.Y7(Yn2[7]));
```

注意事项讲解

(1) 进行初次实验时，需要注意软件环境的使用，避免因软件操作不佳导致最后的编码失败。所以建议在课下使用自己的计算机提前熟悉仿真环境,也方便今后的代码编写和仿真调试。

(2) 逻辑电路中G2的两个端口是低电平使能,所以在画电路图时采用了两个圆圈表示非门,这里容易因为理解错误导致丢失非门,从而产生错误。

(3) 输入的三个信号A、B、C虽然是按字母顺序排列的,但其实按数值的有效位来排列应该是C、B、A,所以在测试模块里使用的都是CBA的顺序。在仿真结果中其实很容易看出输入信号与输出信号的对应关系,从而清楚高低位的意义。

(4) 测试模块中故意给出了多位宽的信号,这是为了锻炼信号的引用,同时也给读者以引导,因为像这种有规律的输出信号,在后续实验中一般都会以多位宽的端口来命名,这样看起来更简洁,使用时也没有任何不便。

实验2

使用assign语句建模

实验目的

(1) 掌握 assign 语句的基本结构。

(2) 掌握常用操作符的使用方法。

(3) 掌握层次化建模的设计方法。

(4) 进一步熟悉仿真流程。

涉及的语法

模块声明、端口声明、assign 语句、模块实例化、仿真流程。

实验内容

(1) 给出电路图,使用 assign 语句完成 3-8 译码器的建模。

实验 1 中已经完成了 3-8 译码器的门级模型,本实验中继续尝试对图 E2-1 结构建模,使用按位操作符完成各个逻辑门的功能。

为了后续的仿真步骤能够正常进行,同样使用固定的模块声明,请在下列代码中补全并实现图 E2-1 的电路功能。

```
module decoder3x8_1(A,B,C,G1,G2An,G2Bn,Y0,Y1,Y2,Y3,Y4,Y5,Y6,Y7);
//模块名和端口列表已定义
//实验内容一,使用 assign 语句完成 3-8 译码器,使用按位操作符
endmodule
```

(2) 使用条件操作符完成 3-8 译码器的 Verilog 模型。

使用按位操作依然烦琐,条件操作符具有判断功能,可以用来实现简单的逻辑判断和分支,所以在设计具有逻辑性的电路时经常可以使用。请仿照实验内容一的模块声明,完成如下代码:

```
module decoder3x8_2(A,B,C,G1,G2An,G2Bn,Y0,Y1,Y2,Y3,Y4,Y5,Y6,Y7);
//模块名和端口列表已定义
//实验内容二,使用 assign 语句完成 3-8 译码器,使用条件操作符
endmodule
```

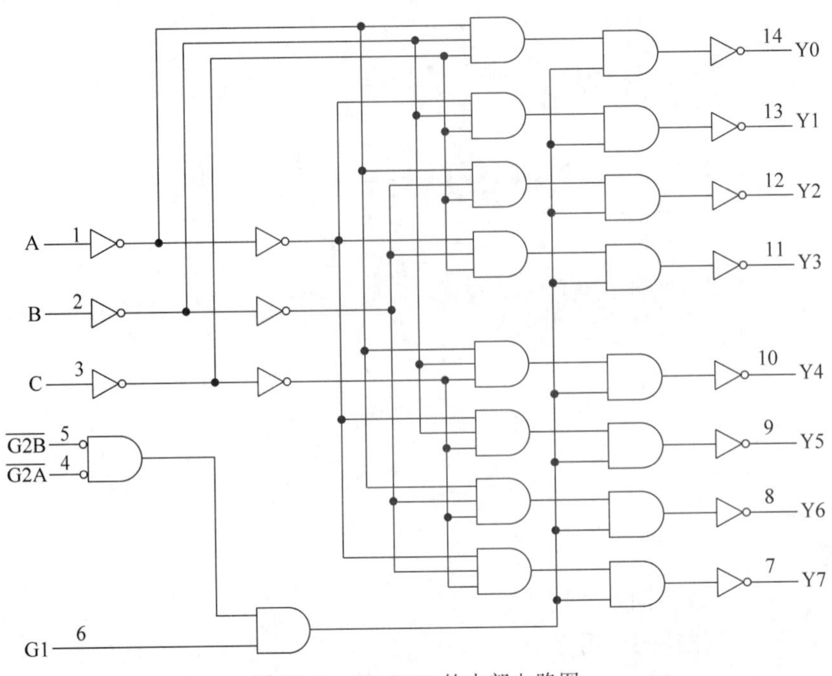

图 E2-1　74LS138 的内部电路图

(3) 结合给出测试模块，实例化 3-8 译码器模块。

由于测试模块还无法自行完成，此处给出测试模块的代码。由于具有两个功能模块，所以这里分别调用实验内容一和实验内容二中的模块，把相同的输入分别输入两个模块中，观察得到的输出，如果此时两个模块的输出是相同的，那么基本可以断定设计是正确的，因为两种实现方式下恰好出错且结果错误相同的概率很低，但如果两个输出不同，则必然至少一个是错误的。

```
module test_lab2;
reg  G1,G2An,G2Bn;
reg  A,B,C;
wire  [7:0] Yn1,Yn2;                                    //两个模块的输出,对照观察

initial
begin
      {C,B,A} = 3'b000;
      {G1,G2An,G2Bn} = 3'b101;
   #5 {G1,G2An,G2Bn} = 3'b011;
   #5 {G1,G2An,G2Bn} = 3'b100;
     #5 {C,B,A} = 3'b001;
     #5 {C,B,A} = 3'b010;
     #5 {C,B,A} = 3'b011;
     #5 {C,B,A} = 3'b100;
     #5 {C,B,A} = 3'b101;
     #5 {C,B,A} = 3'b110;
     #5 {C,B,A} = 3'b111;
     #5 $stop;
```

```
end

//实验内容三:
//请调用实验内容一和实验内容二的两个模块,输入相同,输出连到不同的输出端

endmodule
```

(4) 运行仿真,观察并验证结果。

利用已有的设计文件和测试文件,运行仿真软件得到仿真的输出波形,结合输出波形,验证功能是否正确。如果出错,则尝试分析哪个模块出现了错误,并进行调试。

参考代码

实验内容一:

```
module decoder3x8_1(A,B,C,G1,G2An,G2Bn,Y0,Y1,Y2,Y3,Y4,Y5,Y6,Y7);
input  A,B,C,G1,G2An,G2Bn;
output  Y0,Y1,Y2,Y3,Y4,Y5,Y6,Y7;

assign  Y0 = ~(G1&(~G2An)&(~G2Bn)&(~C)&(~B)&(~A));
assign  Y1 = ~(G1&(~G2An)&(~G2Bn)&(~C)&(~B)&(A));
assign  Y2 = ~(G1&(~G2An)&(~G2Bn)&(~C)&(B)&(~A));
assign  Y3 = ~(G1&(~G2An)&(~G2Bn)&(~C)&(B)&(A));
assign  Y4 = ~(G1&(~G2An)&(~G2Bn)&(C)&(~B)&(~A));
assign  Y5 = ~(G1&(~G2An)&(~G2Bn)&(C)&(~B)&(A));
assign  Y6 = ~(G1&(~G2An)&(~G2Bn)&(C)&(B)&(~A));
assign  Y7 = ~(G1&(~G2An)&(~G2Bn)&(C)&(B)&(A));

endmodule
```

实验内容二:

```
//实现方式很多,这里采用比较清晰的列举方式,可以把条件判断部分改为按位操作
//最后输出一个计算结果,类似实验内容一的表达式
module decoder3x8_2(A,B,C,G1,G2An,G2Bn,Y0,Y1,Y2,Y3,Y4,Y5,Y6,Y7);
input  A,B,C,G1,G2An,G2Bn;
output  Y0,Y1,Y2,Y3,Y4,Y5,Y6,Y7;

assign  Y0 =  (G1 == 1 && G2An == 0 && G2Bn == 0 && C == 0 && B == 0 && A == 0)? 0:1;
assign  Y1 =  (G1 == 1 && G2An == 0 && G2Bn == 0 && C == 0 && B == 0 && A == 1)? 0:1;
assign  Y2 =  (G1 == 1 && G2An == 0 && G2Bn == 0 && C == 0 && B == 1 && A == 0)? 0:1;
assign  Y3 =  (G1 == 1 && G2An == 0 && G2Bn == 0 && C == 0 && B == 1 && A == 1)? 0:1;
assign  Y4 =  (G1 == 1 && G2An == 0 && G2Bn == 0 && C == 1 && B == 0 && A == 0)? 0:1;
assign  Y5 =  (G1 == 1 && G2An == 0 && G2Bn == 0 && C == 1 && B == 0 && A == 1)? 0:1;
assign  Y6 =  (G1 == 1 && G2An == 0 && G2Bn == 0 && C == 1 && B == 1 && A == 0)? 0:1;
assign  Y7 =  (G1 == 1 && G2An == 0 && G2Bn == 0 && C == 1 && B == 1 && A == 1)? 0:1;

endmodule
```

实验内容三：

```
//按名称或按顺序连接均可
decoder3x8_1  mydecoder1(A,B,C,G1,G2An,G2Bn,
                    Yn1[0],Yn1[1],Yn1[2],Yn1[3],Yn1[4],Yn1[5],Yn1[6],Yn1[7]);
decoder3x8_2  mydecoder2(A,B,C,G1,G2An,G2Bn,
                    Yn2[0],Yn2[1],Yn2[2],Yn2[3],Yn2[4],Yn2[5],Yn2[6],Yn2[7]);
```

注意事项讲解

(1) 输出是反码输出，实验内容一直接照电路编写代码，所以不会有问题，但实验内容二要根据逻辑情况来输出，所以要注意：当逻辑满足时输出0值，不满足时输出1值。

(2) 实验内容一和实验内容二的最后输出结果，应该完全一致，可以选用十六进制，观察起来比较方便。

实验3

使用always结构建模

实验目的

(1) 掌握 always 结构的使用方法。

(2) 掌握 if 语句和 case 语句的使用方法。

(3) 熟悉仿真流程。

(4) 能够应用所学语法完成代码设计。

涉及的语法

模块声明、端口声明、always 结构、if 语句、case 语句、模块实例化、仿真流程。

实验内容

(1) 使用 always 完成 3-8 译码器并仿真。

3-8 译码器的功能表如表 E3-1 所示。

表 E3-1　3-8 译码器功能表

输入						输出							
使能端			选择端										
G1	G2A	G2B	C	B	A	Y7	Y6	Y5	Y4	Y3	Y2	Y1	Y0
0	x	x	x	x	x	1	1	1	1	1	1	1	1
1	1	x	x	x	x	1	1	1	1	1	1	1	1
1	x	1	x	x	x	1	1	1	1	1	1	1	1
1	0	0	0	0	0	1	1	1	1	1	1	1	0
1	0	0	0	0	1	1	1	1	1	1	1	0	1
1	0	0	0	1	0	1	1	1	1	1	0	1	1
1	0	0	0	1	1	1	1	1	1	0	1	1	1
1	0	0	1	0	0	1	1	1	0	1	1	1	1
1	0	0	1	0	1	1	1	0	1	1	1	1	1
1	0	0	1	1	0	1	0	1	1	1	1	1	1
1	0	0	1	1	1	0	1	1	1	1	1	1	1

//实验内容一：使用 always 结构完成 3-8 译码器模块，并使用实验 2 中的测试模块进行测试，观察仿真结果并验证功能是否正确。

（2）使用查表法完成二进制到格雷码的转换。

常用的 4 位二进制计数循环是从 0000 计数到 1111，共 16 个二进制数值，也可以采用格雷码进行计数，优点在于相邻两数值之间只会变化一位，可以减少电路的电平翻转，并且不产生一些中间的干扰状态。二进制与格雷码的转换对应关系如表 E3-2 所示。

表 E3-2 二进制转格雷码

十进制	二进制				格雷码			
N	B_3	B_2	B_1	B_0	G_3	G_2	G_1	G_0
0	0	0	0	0	0	0	0	0
1	0	0	0	1	0	0	0	1
2	0	0	1	0	0	0	1	1
3	0	0	1	1	0	0	1	0
4	0	1	0	0	0	1	1	0
5	0	1	0	1	0	1	1	1
6	0	1	1	0	0	1	0	1
7	0	1	1	1	0	1	0	0
8	1	0	0	0	1	1	0	0
9	1	0	0	1	1	1	0	1
10	1	0	1	0	1	1	1	1
11	1	0	1	1	1	1	1	0
12	1	1	0	0	1	0	1	0
13	1	1	0	1	1	0	1	1
14	1	1	1	0	1	0	0	1
15	1	1	1	1	1	0	0	0

由于功能非常有规律，可以通过表格形式给出，可以使用 case 语句来实现该多路分支，就像使用 case 语句来查表一样。

//实验内容二：编写二进制到格雷码的转换模块，要求输入信号为二进制值时，输出信号为对应的格雷码，其余端口自拟。

（3）根据给出公式完成二进制到格雷码的转换。

二进制转格雷码的转换公式如下，写成 Verilog HDL 操作符的形式：

```
gary [0] = bin [1]^ bin [0];
gary [1] = bin [2]^ bin [1];
gary [2] = bin [3]^ bin [2];
gary [3] = bin [3];
```

//实验内容三：根据所给公式实现二进制到格雷码的转换模块，输入二进制值，输出格雷码。

（4）对照运行仿真并观察结果。

使用如下的测试模块对上述两个二进制转格雷码模块进行仿真测试，代码中的模块调用部分可以根据自己的端口进行连接。

```
module test_lab3;
reg [3:0] data_in;
reg enable;
wire [7:0] data_out1,data_out2;
wire busy1,busy2;

initial
begin
  enable = 1;
  data_in = 0;
  #160 enable = 0;
  #160 $stop;
end

always #10 data_in = data_in + 1;

//实验内容四：根据自己编写的模块进行实例化，调用两模块，并观察两个仿真输出结果
//通过仿真结果来分析设计的正确性

endmodule
```

参考代码

实验内容一：

```
module decoder3x8(A,B,C,G1,G2A,G2B,Y0,Y1,Y2,Y3,Y4,Y5,Y6,Y7);
input   A,B,C,G1,G2A,G2B;
output  Y0,Y1,Y2,Y3,Y4,Y5,Y6,Y7;
reg     Y0,Y1,Y2,Y3,Y4,Y5,Y6,Y7;

always @( * )
begin
    if({G1,G2A,G2B} == 3'b100)
    begin
        case({C,B,A})
        3'b000:{Y7,Y6,Y5,Y4,Y3,Y2,Y1,Y0} = 8'b1111_1110;
        3'b001:{Y7,Y6,Y5,Y4,Y3,Y2,Y1,Y0} = 8'b1111_1101;
        3'b010:{Y7,Y6,Y5,Y4,Y3,Y2,Y1,Y0} = 8'b1111_1011;
        3'b011:{Y7,Y6,Y5,Y4,Y3,Y2,Y1,Y0} = 8'b1111_0111;
        3'b100:{Y7,Y6,Y5,Y4,Y3,Y2,Y1,Y0} = 8'b1110_1111;
        3'b101:{Y7,Y6,Y5,Y4,Y3,Y2,Y1,Y0} = 8'b1101_1111;
        3'b110:{Y7,Y6,Y5,Y4,Y3,Y2,Y1,Y0} = 8'b1011_1111;
        3'b111:{Y7,Y6,Y5,Y4,Y3,Y2,Y1,Y0} = 8'b0111_1111;
        default:{Y7,Y6,Y5,Y4,Y3,Y2,Y1,Y0} = 8'b1111_1111;
        endcase
    end
    else
```

```
        {Y7,Y6,Y5,Y4,Y3,Y2,Y1,Y0} = 8'b1111_1111;

end
endmodule
```

实验内容二：

```
module BtoG1 (data_in,enable,data_out,busy);
input [3:0] data_in;
input enable;
output [3:0] data_out;
output busy;
reg [3:0] data_out;
reg busy;

always @(data_in or enable)
begin
    if(enable == 1)
        begin
          case(data_in)
            4'b0000:data_out = 4'b0000;
            4'b0001:data_out = 4'b0001;
            4'b0010:data_out = 4'b0011;
            4'b0011:data_out = 4'b0010;
            4'b0100:data_out = 4'b0110;
            4'b0101:data_out = 4'b0111;
            4'b0110:data_out = 4'b0101;
            4'b0111:data_out = 4'b0100;
            4'b1000:data_out = 4'b1100;
            4'b1001:data_out = 4'b1101;
            4'b1010:data_out = 4'b1111;
            4'b1011:data_out = 4'b1110;
            4'b1100:data_out = 4'b1010;
            4'b1101:data_out = 4'b1011;
            4'b1110:data_out = 4'b1001;
            4'b1111:data_out = 4'b1000;
            default:data_out = 4'b1111;
          endcase
          busy = 1;
        end
    else
        begin
            data_out = 4'b1111;
            busy = 0;
        end
end

endmodule
```

实验内容三：

```
module BtoG2 (data_in,enable,data_out,busy);
input [3:0] data_in;
input enable;
output [3:0] data_out;
output busy;
reg [3:0] data_out;
reg busy;

always @(data_in or enable)
begin
    if(enable == 1)
        begin
            data_out [0] = (data_in [0] ^ data_in [1]) ;
            data_out [1] = (data_in [1] ^ data_in [2]) ;
            data_out [2] = (data_in [2] ^ data_in [3]) ;
            data_out [3] = data_in [3] ;
            busy = 1;
        end
    else
        begin
            data_out = 4'b1111;
            busy = 0;
        end
end

endmodule
```

注意事项讲解

(1) 实验内容一可以通过多位宽信号来完成,但是为了与功能表保持一致,每一位都单独设置信号名。为了代码尽量简洁,使用拼接操作符进行组合判断和组合赋值,可供参考。

(2) 实验内容二和实验内容三中,设计 busy 位是为了区分正常输出和未使能情况下的输出。因为正常输出时可能会输出 1111,在 enable 使能端不生效时也会输出 1111,这样就会导致两种情况具有相同输出,所以需设置额外的信号进行区分。

(3) 测试模块调用两个实验内容中的模块,可以对照观察并相互印证。

实验4

任务与函数的使用

实验目的

(1) 掌握 Verilog 语法中任务和函数的基本语法。

(2) 能够根据需要设计出完整的任务和函数。

(3) 掌握任务和函数的调用。

涉及的语法

任务的声明和调用、函数的声明和调用、仿真流程。

实验内容

(1) 根据所需功能,完成任务的设计。

本实验需要完成一个任务,功能如表 E4-1 所示,在前面的章节中也使用了模块实现类似功能,在本实验中,需要使用任务来完成该功能。

表 E4-1　算术逻辑单元功能表

control 信号	完成的功能	control 信号	完成的功能
3'b000	a+b	3 'b100	a 左移 1 位
3'b001	a−b	3 'b101	a 右移 1 位
3'b010	a^b	3 'b110	计算 a mod b,取模操作
3'b011	a 求补	3 'b111	比较 a 和 b 并输出大数

为了适应测试模块,所以规定 a 和 b 都是 8 位宽的数据,计算结果也保留 8 位宽。

//实验内容一:设计一个任务,完成表 E4-1 中的算术逻辑单元。

(2) 根据所需功能,完成函数的设计。

由于表 E4-1 中的功能只有一个输出,所以也可以使用函数来完成。

//实验内容二:设计一个函数,完成表 E4-1 中的算术逻辑单元。

(3) 在测试模块中调用任务和函数,观察结果。

请完成下方给出的测试模块,并使用该模块测试实验内容一和实验内容二的仿真结果,分析正确性。

```
module test_lab3;
reg [3:0] a,b;
reg [2:0] control;
reg [3:0] result_func,result_task;
integer seed1,seed2;

initial
begin
  control = 0;
  seed1 = 1;
  seed2 = 2;
end

always
begin
  a = { $ random(seed1) % 256};
  b = { $ random(seed2) % 256};
  #20 control = control + 1;
end

//实验内容三：调用已定义的任务和函数,并运行仿真仿真,观察仿真结果

endmodule
```

参考代码

实验内容一：

```
task lab3_task;
input [7:0] a,b;
input [2:0] control;
output [7:0] result;                                    //注意多出的部分

begin
   case(control)
        3'b000: result = a + b;
        3'b001: result = a - b;
        3'b010: result = a^b;
        3'b011: result = {a[3],{~a[2:0] + 1}};
        3'b100: result = a << 1;
        3'b101: result = a >> 1;
        3'b110: result = a % b;
        3'b111: begin
                  if(a > b)
                      result = a;
                  else
                      result = b;
                end
        default: result = 0;
   endcase
end
endtask
```

实验内容二：

```
function [7:0] lab3_func;
input [7:0] a,b;
input [2:0] control;

begin
   case(control)
       3'b000: lab3_func = a + b;
       3'b001: lab3_func = a - b;
       3'b010: lab3_func = a^b;
       3'b011: lab3_func = {a[3],{~a[2:0] + 1}};
       3'b100: lab3_func = a << 1;
       3'b101: lab3_func = a >> 1;
       3'b110: lab3_func = a % b;
       3'b111: begin
                   if(a > b)
                       lab3_func = a;
                   else
                       lab3_func = b;
               end
       default: lab3_func = 0;
   endcase
end
endfunction
```

实验内容三：

```
//在空白位置添入如下代码即可
always @ (a,b,control)
begin
  result_func =  lab3_func (a,b,control);
  lab3_task (a,b,control,result_task);
end
```

注意事项讲解

(1) 任务和函数不能出现在模块之外。如果新建了空白文件，直接输入本实验的代码，一定会报错，必须声明一个 module，把任务和函数放入 module 中才能通过编译。一个比较好的办法是把实验内容一、二的代码直接放入实验内容三的测试模块中，这样可以较方便地完成设计。

(2) 任务和函数的调用也有类似的问题。调用的语句，无论是任务还是函数，都必须放在 initial 或者 always 结构中。由于本实验内容中给出的测试模块要调用多次，产生多个结果，所以使用 always 结构，如果是仅出现一次的任务，则可以使用 initial 结构。

(3) 两个相同功能，产生结果必然相同，可以对照比较，此方法已经多次使用。

实验5

测试模块的设计

实验目的

(1) 掌握 Verilog 语法中测试模块的结构。

(2) 能够根据需要设计出完整的测试模块。

(3) 能在测试模块熟练应用各类语法。

涉及的语法

测试模块相关语法、仿真流程。

实验内容

(1) 编写组合逻辑电路的测试模块。

参考如下的设计模块，这是一个带有使能端的3-8译码器，在enable为低电平时停止工作，输出全1，在enable为1时正常工作，若无输入也输出全1，ex_flag信号是为了区分输出全1时电路的工作状态而特意保留的扩展输出位。

```
module decoder3x8(data_in,enable,decoder_out,ex_flag);
input [2:0] data_in;                          //输入3位数据
input enable;                                 //使能端
output [7:0] decoder_out;                     //输出8位译码结果
output ex_flag;                               //标志位
reg [7:0] decoder_out;
reg ex_flag;

always @(data_in or enable)
if(enable == 1'b0)                            //enable为0时
  begin
    decoder_out = 8'b1111_1111;               //输出全1
    ex_flag = 1'b1;                           //标志位为1
  end
else
  begin
    case(data_in)                             //分支语句判断输入
    3'b000: begin
```

```
                decoder_out = 8'b1111_1110;          //输入 000 时,输出也是全 1
                ex_flag = 1'b0;                      //所以需要标志位为 0,区分两种情况
              end
      3'b001: begin
                decoder_out = 8'b1111_1101;
                ex_flag = 1'b0;
              end
      3'b010: begin
                decoder_out = 8'b1111_1011;
                ex_flag = 1'b0;
              end
      3'b011: begin
                decoder_out = 8'b1111_0111;
                ex_flag = 1'b0;
              end
      3'b100: begin
                decoder_out = 8'b1110_1111;
                ex_flag = 1'b0;
              end
      3'b101: begin
                decoder_out = 8'b1101_1111;
                ex_flag = 1'b0;
              end
      3'b110: begin
                decoder_out = 8'b1011_1111;
                ex_flag = 1'b0;
              end
      3'b111: begin
                decoder_out = 8'b0111_1111;
                ex_flag = 1'b0;
              end
      default:begin
                decoder_out = 8'b1111_1111;          //默认情况下
                ex_flag = 1'b0;
              end
    endcase
  end

endmodule
```

//实验内容一:请根据设计模块的功能,编写一个测试模块,验证该组合逻辑电路功能的正确性。

(2) 编写时序逻辑电路的测试模块。

计数器是一种比较简单的时序电路,下面给出一个十六进制计数器的模块,能够完成复位、预置数、向上计数和向下计数四种功能。

```
module counter_hex(preset_data,clock,reset,load,count_mode,qoutout);
input[7:0] preset_data;                              //预置数输入端
```

```
input clock,reset,load;
input count_mode;                           //模式选择,1 为向上计数,0 为向下计数
output [7:0] qout;
reg [7:0] qout;

always @(posedge clock)
begin
  if (reset) qout = 8'h00;                  //复位
  else if (load) qout = preset_data;        //预置数,即设置初值
  else if (count_mode) qout = qout + 1;     //向上计数
  else qout = qout - 1;                     //向下计数
end

endmodule
```

//实验内容二：请根据设计模块的功能，设计一个测试模块，验证该时序逻辑电路功能的正确性。

参考代码

实验内容一：

```
module test_lab51;
reg [2:0] data_in;
reg enable;
wire [7:0] decoder_out;
wire ex_flag;

initial
begin
  #10 enable = 0;data_in = 3'b000;
  #10 enable = 0;data_in = 3'b001;
  #10 enable = 0;data_in = 3'b010;
  #10 enable = 0;data_in = 3'b011;
  #10 enable = 0;data_in = 3'b100;
  #10 enable = 0;data_in = 3'b101;
  #10 enable = 0;data_in = 3'b110;
  #10 enable = 0;data_in = 3'b111;
  #10 enable = 1;data_in = 3'b000;
  #10 enable = 1;data_in = 3'b001;
  #10 enable = 1;data_in = 3'b010;
  #10 enable = 1;data_in = 3'b011;
  #10 enable = 1;data_in = 3'b100;
  #10 enable = 1;data_in = 3'b101;
  #10 enable = 1;data_in = 3'b110;
  #10 enable = 1;data_in = 3'b111;
  #10 $stop;
end

decoder3x8 decoder_u1(data_in,enable,decoder_out,ex_flag);

endmodule
```

实验内容二：

```
module test_lab52;
reg [7:0] preset_data;
reg clk,reset,load;
reg count_mode;
wire [7:0] qout;

initial clk = 0;
always #5 clk = ~clk;

initial
begin
  reset = 1;
  #15 reset = 0;
end

initial
begin
  count_mode = 1;load = 0;preset_data = 8'd50;          //初始值,并进行加法计数
  #200 load = 1;                                         //预置数
  #10 load = 0;
  #100 count_mode = 0;                                   //减法计数
  #200 $stop;
end

counter_hex counter_u1(preset_data,clk,reset,load,count_mode,qout);

endmodule
```

注意事项讲解

(1) 编写测试模块时，一定要注意验证所有需要的功能。例如实验内容一中两种输出全1的情况都要体现在测试向量中，同样在证明功能的波形中也要体现这一部分的功能；实验内容二中要验证各种计数的情况，但不一定是全部的循环，例如需要计数0～255，可能只需要得到一段正确的波形信号即可说明加法计数的功能。

(2) 参考代码中给出的是基本代码，可以根据自己的设想，增添任意自认为正确的控制信号并说清理由。

实验6

有限状态机的设计

实验目的

(1) 掌握有限状态机的写法。

(2) 能够熟练编写测试模块。

(3) 能根据需求,完成有限状态机的 Verilog 编码。

涉及的语法

状态机的描述方法,测试模块相关语法。

实验内容

(1) 设计一个序列检测模块。

//实验内容一:仿照书中内容,编写一个序列信号检测器,检测输入序列 0110。参考的状态转换图见图 E6-1。

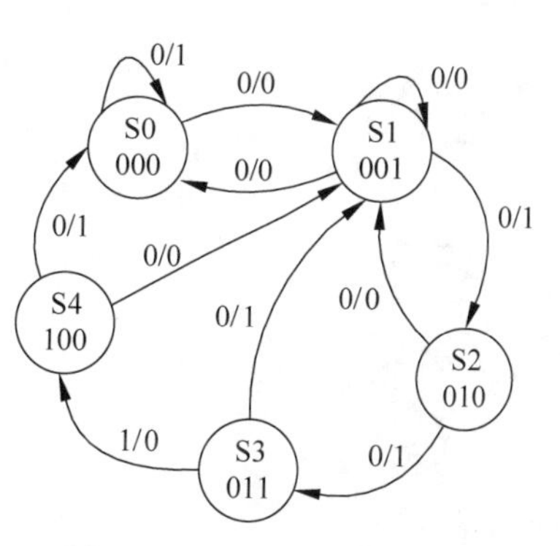

图 E6-1　参考的状态转换图

(2) 编写测试模块,验证功能。

//实验内容二:编写测试模块,验证设计的序列信号检测器。

参考代码

实验内容一

参考代码:

```
module seq_lab5(x,z,clk,reset);
input x,clk,reset;
output z;
reg z;
reg[2:0]state,nstate;

parameter s0 = 3'd0,s1 = 3'd1,s2 = 3'd2,s3 = 3'd3,s4 = 3'd4;

always @(posedge clk or negedge reset)                    //第一段 always,状态更新
begin
```

```
    if(reset)
      state <= s0;
    else
      state <= nstate;
  end

  always@(state or x)                                    //第二段 always,判断下一状态
  begin
       case(state)
           s0: begin
                if(x == 1)
                    nstate = s0;
                else
                    nstate = s1;
               end
           s1: begin
                if(x == 0)
                    nstate = s1;
                else
                    nstate = s2;
               end
           s2: begin
                if(x == 0)
                    nstate = s1;
                else
                    nstate = s3;
               end
           s3: begin
                if(x == 0)
                    nstate = s4;
                else
                    nstate = s0;
               end
           s4: begin
                if(x == 0)
                    nstate = s1;
                else
                    nstate = s2;
               end
           default: nstate = s0;
       endcase
  end

  always @(posedge clk or negedge reset)                  //第三段 always,指定不同状态下的输出
  begin
      if(!reset)
          z <= 0;
      else if (state == s3 && x == 0)
          z <= 1;
      else
```

```
        z <= 0;
end

endmodule
```

实验内容二：

```
module test_lab6;
reg x,clk,reset;
wire z;
integer seed = 8;

initial clk = 0;
always #5 clk = ~clk;

initial
begin
  reset = 1;
  #15 reset = 0;
  #15 reset = 1;
  @(posedge z);
  #20 $stop;
end

always
  #10  x = ($random(seed) % 2);                    //随机生成 0、1 信号

seq_lab5  myseq (x,z,clk,reset);

endmodule
```

注意事项讲解

(1) 仿照书中第 12 章和第 13 章内容编写代码即可，本实验内容比书中稍简单，要求独立完成全过程。

(2) 如果觉得难度较低，可以尝试编写六位序列检测，并仔细体会画状态转换图的过程和编写 Verilog 代码的过程，看看哪一步简单，哪一步困难。其实 Verilog 只是一种语言工具，当所有设计的内容都已经了然于胸时，编写代码就变成了一个非常简单的过程。

实验7

流水线乘法器

实验目的

(1) 全面理解 Verilog 可综合语法。

(2) 掌握流水线的设计思想和设计方法。

(3) 能够利用流水线改变设计。

涉及的语法

可综合的语法，流水线设计思想。

实验内容

(1) 设计一个乘法器模块。

乘法器的功能很直接，可以采用最基本的移位和相加功能来完成，例如两个 4 位的无符号数相乘，可以按图 E7-1 给出的算法来完成，根据 B 的每一位结果，如果是 1 则需要移位，如果是 0 则直接取 0，最多需要将被乘数做四次移位，再将 4 个部分积加在一起即可。

//实验内容一：编写一个无符号数的 4 位乘法器，输入两个 4 位数，输出一个 8 位结果，采用组合逻辑电路完成。

$$
\begin{array}{r}
A_3A_2A_1A_0 \\
\times \quad B_3B_2B_1B_0 \\
\hline
A_3A_2A_1A_0 \\
A_3A_2A_1A_0 \\
A_3A_2A_1A_0 \\
+ \quad A_3A_2A_1A_0 \\
\hline
\text{最终结果}
\end{array}
$$

图 E7-1　基本乘法器结构

(2) 编写测试模块，验证该组合逻辑乘法器功能。

//实验内容二：编写测试模块，验证乘法器的功能。

(3) 将乘法器结构划分成流水线结构。

整个组合逻辑的乘法器需要移位操作和三个加法操作来完成，考虑到各级的延迟，可以将整个结构分解为三级流水线，并将三次加法按结合律分成两级，先将四个部分积分为两组进行相加，然后将结果再相加，参考公式如下。

```
最终结果 = (部分积 1 + 部分积 2) + (部分积 3 + 部分积 4)
```

//实验内容三：将组合逻辑的乘法器划分为三级流水线结构。

(4) 编写测试模块，测试流水线型乘法器。

由于已有乘法器和测试模块，所以一方面可以利用已有测试模块，加入时钟信号来测试流水线乘法器；另一方面可以利用已有设计模块，输出对照的参考数据。

//实验内容四：改写实验内容二，以适应流水线乘法器，并参考实验内容一，对照验证流水线乘法器的功能。

参考代码

实验内容一：

```
module  mult_lab71(result,m1,m2);
input [3:0] m1,m2;
output [7:0] result;

wire [7:0] tmp1,tmp2,tmp3,tmp4;

assign tmp1 = m1&{4{m2[0]}};
assign tmp2 = (m1&{4{m2[1]}})<< 1;
assign tmp3 = (m1&{4{m2[2]}})<< 2;
assign tmp4 = (m1&{4{m2[3]}})<< 3;

assign result = tmp1 + tmp2 + tmp3 + tmp4;

endmodule
```

实验内容二：

```
module test_lab71;
reg [3:0] mul_a,mul_b;
wire [7:0] mul_out;

integer seed1 = 9,seed2 = 12;

always
begin
  mul_a = $random(seed1);
  mul_b = $random(seed2);
  #30;
end

mult_lab71 mymult_u1(mul_out, mul_a, mul_b);

endmodule
```

实验内容三：

```
module mult_lab72(mul_a, mul_b, clock, reset_n, mul_out);
input [3:0] mul_a, mul_b;
input        clock;
input        reset_n;
output [7:0] mul_out;
```

```
reg [7:0] mul_out;

reg [7:0] temp_and0;
reg [7:0] temp_and1;
reg [7:0] temp_and2;
reg [7:0] temp_and3;
reg [7:0] temp_add1;
reg [7:0] temp_add2;

always @(posedge clock or negedge reset_n)
begin
  if(!reset_n)
    begin
      mul_out <= 0;
      temp_and0 <= 0;
      temp_and1 <= 0;
      temp_and2 <= 0;
      temp_and3 <= 0;
      temp_add1 <= 0;
      temp_add2 <= 0;
    end
  else
    begin
      temp_and0 <= mul_b[0]? {4'b0, mul_a} : 8'b0;
      temp_and1 <= mul_b[1]? {3'b0, mul_a, 1'b0} : 8'b0;
      temp_and2 <= mul_b[2]? {2'b0, mul_a, 2'b0} : 8'b0;
      temp_and3 <= mul_b[3]? {1'b0, mul_a, 3'b0} : 8'b0;
      temp_add1 <= temp_and0 + temp_and1;
      temp_add2 <= temp_and2 + temp_and3;
      mul_out <= temp_add1 + temp_add2;
    end
end

endmodule
```

实验内容四：

```
module test_lab72;
reg [3:0] mul_a,mul_b;
reg reset_n,clock;
wire [7:0] mul_out1, mul_out2;

integer seed1 = 66,seed2 = 233;

always
begin
  mul_a = $random(seed1);
  mul_b = $random(seed2);
  #30;
```

```
  end

  initial
  begin
    reset_n = 1;clock = 0;
    #20 reset_n = 0;
    #10 reset_n = 1;
  end

  always #15 clock = ~clock;

  mult_lab71 mymult_u1(mul_out1, mul_a, mul_b);
  mult_lab72 mymult_u2(mul_a, mul_b, clock, reset_n, mul_out2);

  endmodule
```

注意事项讲解

(1) 最终实现的电路参考结构如图 E7-2 所示。

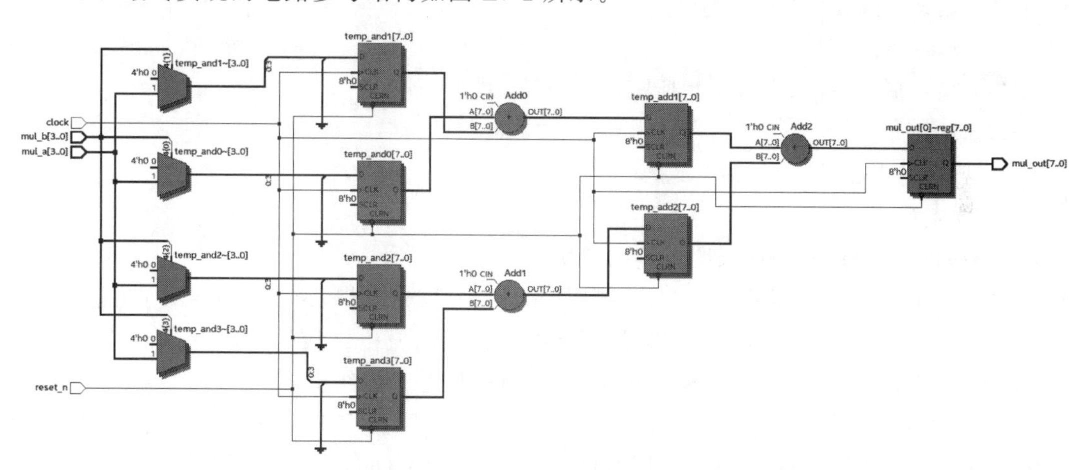

图 E7-2　最终实现的电路参考结构

(2) 不使用给出的公式,也可以使用其他算法来计算乘法,乘法算法大多能够划分流水线。

实验8

汉明码模块设计

实验目的

(1) 熟练掌握 Verilog 各类语法。

(2) 熟练掌握仿真流程。

(3) 能够根据所给算法，编写所需的 Verilog 模型。

涉及的语法

Verilog 全部语法。

实验内容

(1)根据给出算法，设计汉明码编码模块。

数据在通信时可能会发生错误，一般用校验码来检验错误是否发生，汉明码就是其中之一，它不仅能够检测出数据是否有错误，而且能够检测出发生错误的位数，由于二进制下发生错误即为取反，所以汉明码能够纠正错误的数据，但是只能纠正一位。

以七位编码为例，在七位编码中，包含了四位数据和三位校验位，数据表示为 d3d2d1d0，校验码表示为 s2s1s0，采用奇偶校验方式，即配偶数个 1 的原则。这两种数据混合在一起构成七位的编码输出，其排布顺序为 d3d2d1s2d0s1s0，计算公式为

$$\begin{cases} s2 = d3 \oplus d2 \oplus d1 \\ s1 = d3 \oplus d2 \oplus d0 \\ s0 = d3 \oplus d1 \oplus d0 \end{cases}$$

//实验内容一：根据所给公式，编写汉明码编码模块，端口自拟。

(2) 根据给出算法，设计汉明码解码模块。

解码过程与编码过程相似，输入的是七位数据，设按 d7…d1 排列，运算公式如下：

$$\begin{cases} p2 = d7 \oplus d6 \oplus d5 \oplus d4 \\ p1 = d7 \oplus d6 \oplus d4 \oplus d2 \\ p0 = d7 \oplus d5 \oplus d3 \oplus d1 \end{cases}$$

由编码运算可知，如果没有错误，该结果运算得到的 p 值应该是 000，若得到 001～111 之间的值，就表示相应的位出现了错误。得到正确的七位数据后，依然按 d3d2d1s2d0s1s0 的顺序，提取四位有效数据。

//实验内容二：根据所给算法，编写汉明码解码模块，端口自拟。

（3）编写测试模块，验证编码器和解码器功能。

//实验内容三：编写测试模块，验证编码器的功能，并验证解码器的功能（包括纠错）。

参考代码

实验内容一：

```
module ham_encoder(data_in,data_out);
input [3:0] data_in;
output [6:0] data_out;
wire s2,s1,s0;

assign s2 = data_in[3] + data_in[2] + data_in[1];
          //or data_in[6]^data_in[5]^data_in[4]
assign s1 = data_in[3] + data_in[2] + data_in[0];
assign s0 = data_in[3] + data_in[1] + data_in[0];
assign data_out = {data_in[3:1],s2,data_in[0],s1,s0};

endmodule
```

实验内容二：

```
module ham_decoder(data_in,data_out,err,warn,p);
input [6:0] data_in;
output [3:0] data_out;
output err,warn;
output [2:0] p;

reg err,warn;
wire [2:0] tp;
reg [6:0] data_tmp;

assign tp[2] = data_in[6] + data_in[5] + data_in[4] + data_in[3];
assign tp[1] = data_in[6] + data_in[5] + data_in[2] + data_in[1];
assign tp[0] = data_in[6] + data_in[4] + data_in[2] + data_in[0];
assign p = tp;
assign data_out = {data_tmp[6:4],data_tmp[2]};

always @(data_in or tp)
begin
  if(tp == 4'd1 || tp == 4'd2  || tp == 4'd4)
     begin
        warn = 1;
        err = 0;
        data_tmp = data_in;
     end
 else if (tp == 0)
     begin
        warn = 0;
```

```
            err = 0;
            data_tmp = data_in;
        end
    else
        begin
            warn = 0;
            err = 1;
            data_tmp[p - 1] = ~data_in[p - 1];
        end

end

endmodule
```

实验内容三：

```
module tb_ham_encoder;                          //验证汉明码编码
reg [3:0] data_in;
wire [6:0] data_out;

initial
data_in = 4'b1101;
always #10 data_in = $random;

ham_encoder u1(data_in,data_out);

endmodule

module tb_ham_decoder;                          //验证汉明码解码
reg [6:0] data_in;
wire [3:0] data_out;
wire err,warn;
wire [2:0] p;

initial
begin
   #10 data_in = 7'b1100110;                    //正常功能
   #10 data_in = 7'b0101010;
   #10 data_in = 7'b0000111;
   #10 data_in = 7'b1001100;
   #10 data_in = 7'b0001100;                    //验证错误位,把 1001100 从高到低位依次取反
   #10 data_in = 7'b1101100;
   #10 data_in = 7'b1011100;
   #10 data_in = 7'b1000100;
   #10 data_in = 7'b1001000;
   #10 data_in = 7'b1001110;
   #10 data_in = 7'b1001101;
end

ham_decoder myhamd(data_in,data_out,err,warn,p);

endmodule
```

注意事项讲解

(1) 编码器的输出结果需要通过手算来验证，所以给出的输入数据不同，得到的输出结果也不同，代码仅供参考。

(2) 解码器主要验证纠错功能，所以依次对每一个位改错，这样在输出端的解码结果应该一直保持不变，比较容易观察。

(3) 也可以考虑联合仿真，因为实验内容是一个编码器和一个解码器，可以串联起来，如果输入数据和最后的输出数据相同，则表示两个模块都正确，但如果出现问题，调试相对会麻烦一些。参考代码如下：

```
module tb_ham_united;
reg [3:0] data_in;
wire [3:0] data_out;                    //看 data_in 和 data_out 是否相同
wire err,warn;
wire [2:0] p;
wire [6:0] data;

always #10 data_in = $ random;

ham_encoder u1(data_in,data);
ham_decoder u2(data,data_out,err,warn,p);

endmodule
```

实验9

计时器设计

实验目的

(1) 熟练掌握 Verilog 各类语法。

(2) 熟练掌握仿真流程。

(3) 能够根据所给算法,编写所需的 Verilog 模型。

(4) 掌握层级化建模的方法。

涉及的语法

Verilog 全部语法。

实验内容

(1) 根据所需要求,设计一个计时器。

计数器、分频器和显示译码器都是很常见的模块。本实验在这些模块的基础上,尝试完成一个完整的计数器,具有如下功能:

① 具有 24s 倒计时功能,递减时,计时间隔为 1s。

② 设置外部操作开关,控制计时器的启动、清零、暂停/继续功能。

③ 计时器的时钟信号设为 50MHz。

④ 计时器输出端接显示译码器,以便与七段数码管直接相连。

⑤ 整体结构可以参考图 E9-1。

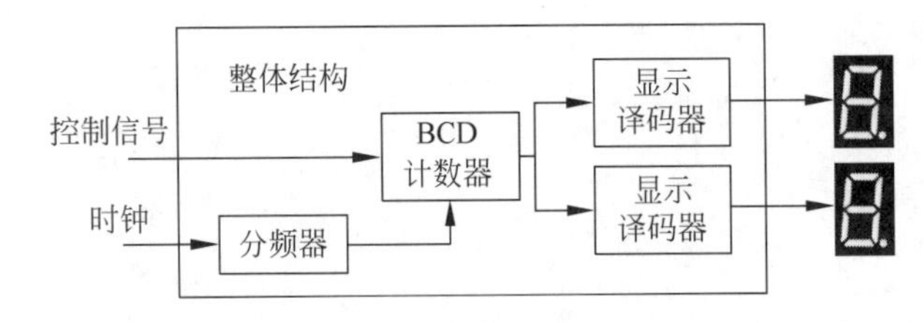

图 E9-1　计时器整体结构图

//实验内容一:根据设计要求,完成图 E9-1 所示整个结构,要求编写每个模块,完成四个子模块后使用顶层模块完成设计。

（2）编写测试模块，验证该计时器的功能。

//实验内容二：编写测试模块，验证计时器的功能。

参考代码

实验内容一：

```
module  lab9(TimerH,TimerL,over,reset,pause,clk);
output  [6:0]TimerH;
output  [6:0]TimerL;
output  over;
input reset;
input pause;
input clk;
wire  [1:0]H;
wire  [3:0]L;
wire  clk_1Hz;
fenpin  U0(.clk(clk),.clk_out(clk_1Hz));
timer  U1(over, H[1:0], L[3:0], reset, pause, clk_1Hz);
display_seven  U2(TimerH[6:0], {2'b00,H[1:0]});
display_seven  U3(TimerL[6:0], L[3:0]);
endmodule

module fenpin(clk_out,clk);                                  //分频器
output clk_out;
input clk;
reg [24:0] count;
reg clk_out;

always @(posedge clk)
begin
    if(count == 25'd25000000)
    begin
        clk_out <= ~clk_out;                                 //每隔 0.5s 翻转一次
        count <= 0;
    end
    else
        count <= count + 1;
end

endmodule

module  timer(Over,TimerH,TimerL,reset,pause, clk_1Hz);     //倒计时
output Over;
output  [1:0]TimerH;                                         //由于最大是 2,所以只设两位宽
output  [3:0]TimerL;
input reset;
input pause;
input clk_1Hz;

reg [4:0] Q;
```

```
assign  Over = (Q == 5'd0);
assign  TimerH = Q/10;
assign  TimerL = Q % 10;

always  @(posedge clk_1Hz or negedge reset or negedge pause)
begin
    if(~reset)
        Q <= 5'd23;
    else
    begin
        if(~pause)
            Q <= Q;
        else
        begin
            if(Q > 5'd0)
                Q <= Q - 1'b1;
            else
                Q <= Q;
        end
    end
end
endmodule

module  display_seven(Y,A);                                //数码管显示
output  reg [6:0]Y;
input [3:0]A;

always  @( * )
begin
    case(A)
    4'd0: Y <= 7'b1000_000;
    4'd1: Y <= 7'b1111_001;
    4'd2: Y <= 7'b0100_100;
    4'd3: Y <= 7'b0110_000;
    4'd4: Y <= 7'b0011_001;
    4'd5: Y <= 7'b0010_010;
    4'd6: Y <= 7'b0000_010;
    4'd7: Y <= 7'b1111_000;
    4'd8: Y <= 7'b0000_000;
    4'd9: Y <= 7'b0010_000;
    default:  Y <= 7'b1000_000;
    endcase
end

endmodule
```

实验内容二：

```
initial                                     //仅给出控制信号,时钟和实例化略
begin
  reset = 1;
  pause = 1;
```

```
    #10 reset = 0;
    #20 reset = 1;
    #200 pause  = 0;
    #50 pause  = 1;
   @(posedge over);
    #10  $ stop;
end
```

注意事项讲解

实验内容一中的参考代码使用操作符来完成，用除法和取模操作完成高低位的分离。这种方式仿真结果是正确的，但是不可综合，也可以使用如下的BCD计数循环来完成：

```
always  @(posedge clk_1Hz or negedge reset)
begin
    if (!reset)
        {TimerH,TimerL}<= 6'h24;
    else if (pause == 1'b1)
        {TimerH,TimerL}<= {TimerH,TimerL};
    else if (TimerH == 2'd0 && TimerL == 2'd0)
        {TimerH,TimerL}<= {TimerH,TimerL};
    else if (TimerH != 2'd0 && TimerL == 2'd0)
    begin
        TimerH <= TimerH - 2'd1;
        TimerL <= 4'h9;
    end
    else
        TimerL <= TimerL - 4'h1;
end
```

实验10

二进制转BCD码

实验目的

(1) 熟练掌握 Verilog 各类语法。

(2) 熟练掌握仿真流程。

(3) 能够根据所给算法,编写所需的 Verilog 模型。

涉及的语法

Verilog 全部语法。

实验内容

(1) 根据给出算法,设计一个二进制转 BCD 码模块。

二进制转 BCD 码的转换方法一般采用加 3 移位法。通过一个示例说明该算法,假设有一个十进制数值 25,即二进制的数值 11001,按每次移位,若得到的四位数值加 3 后大于 7 则加 3 调整,不大于 7 则继续移位,可以得到表 E10-1 的计算过程。

表 E10-1 加 3 移位法

BCD 码高位	BCD 码低位	二进制数值	所 做 操 作
0000	0000	11001	初始情况
0000	0001	1001	左移一位,BCD 码的高低位均不大于 4,不修正
0000	0011	001	左移一位,BCD 码的高低位均不大于 4,不修正
0000	0110	01	左移一位,BCD 码低位大于 4
0000	1001	01	对 BCD 码的低位做加 3 修正
0001	0010	1	左移一位,BCD 码的高低位均不大于 4,不修正
0010	0101		左移一位,最后一次移位,不做任何修正

最终的输出结果即 BCD 高位的 2 和 BCD 低位的 5,为十进制的 25。注意示例中仅给出了低位修正的情况,事实上高低位都要同时检测,如果两个位的数值都大于 4,则都需要做加 3 修正。

//实验内容一：根据所给出算法，编写二进制转 BCD 模块，输入数据的二进制位宽为 8，输出 3 位的 BCD 码。其余所需信号自拟。

(2) 编写测试模块，验证二进制转 BCD 模块。

//实验内容二：编写测试模块，验证二进制转 BCD 码的功能。

参考代码

实验内容一：

```
module BtoBCD(
    input   clk,rst_n,start,                        //采用另一种风格声明
    input   [7:0]  binary,                          //可简化声明过程
    output  reg  [11:0]  BCD,
    output  reg  done

);
parameter  IDLE = 2'd0,SHIFT = 2'd1,CORRECT = 2'd2,FINISH = 2'd3;  //状态定义
reg    [1:0]   state;
reg    [19:0]  tmp_BCD;
reg    [3:0]   cnt;

always @(posedge clk or negedge rst_n)
if(!rst_n)
begin                                           //复位状态下,全部回到初始值
    state <= IDLE;
    cnt <= 4'd0;
    tmp_BCD <= 20'd0;
    BCD <= 12'd0;
    done <= 1'b0;
end
else
case(state)                                     //状态循环
    IDLE:begin
        if(start == 1)
            state <= SHIFT;
        else
            state <= IDLE;
        done <= 1'b0;
        tmp_BCD <= binary;
        cnt <= 4'd0;
        end
    SHIFT:begin                                 //先进行移位,然后进入修正判断
        tmp_BCD <= tmp_BCD << 1;
        cnt <= cnt + 1;
        state <= CORRECT;
        end
    CORRECT:begin                               //修正状态,但若不需修正,则空转
        if(cnt == 4'd8)
        begin
            state <= FINISH;                    //最后一次移位后,直接结束,不修正
        end
```

```
        else
        begin
            if(tmp_BCD[19:16]> 4'd4)                                  //判断最高位是否需要修正
                tmp_BCD[19:16]<= tmp_BCD[19:16] + 4'd3;
            if(tmp_BCD[15:12]> 4'd4)                                  //判断次高位是否需要修正
                tmp_BCD[15:12]<= tmp_BCD[15:12] + 4'd3;
            if(tmp_BCD[11:8]> 4'd4)                                   //判断最低位是否需要修正
                tmp_BCD[11:8]<= tmp_BCD[11:8] + 4'd3;
            state <= SHIFT;                                           //注意 if 的嵌套关系
        end
        end
    FINISH:begin
            BCD <= tmp_BCD[19:8];
            done <= 1'b1;
            state <= IDLE;
        end
    default:begin
            tmp_BCD <= tmp_BCD;
            done <= 1'b0;
            state <= IDLE;
        end
endcase

endmodule
```

或者可以采用如下代码来完成,仅给出循环部分:

```
always @(posedge clk or negedge rst_n)
if(!rst_n)
begin
    state <= IDLE;
    cnt <= 4'd0;
    done <= 1'b0;
    BCD <= 12'd0;
    {BCD2_reg,BCD1_reg,BCD0_reg}<= 12'd0;
end
else
case(state)
    IDLE:begin
            done <= 1'b0;

            if(start)
            begin
                state <= SHIFT;
                binary_tmp <= binary;
                cnt <= 3'd0;
            end
            else
                state <= IDLE;
```

```
        end
    SHIFT:begin                              //此状态下只做移位操作
            {BCD2_reg,BCD1_reg,BCD0_reg,binary_tmp}<=
                  {BCD2_tmp,BCD1_tmp,BCD0_tmp,binary_tmp}<<1;
            cnt<=cnt+4'd1;
            if(cnt==4'd7)
                state<=FINISH;
            else
                state<=SHIFT;
        end
    FINISH:begin                             //最终输出
            BCD<={BCD2_reg,BCD1_reg,BCD0_reg};
            state<=IDLE;
            done<=1'b1;
        end
    default:begin
            state<=IDLE;
            done<=1'b0;
        end
endcase

//判断和修正过程单独使用assign语句来完成
assign  BCD2_tmp= (BCD2_reg>4'd4) ?  (BCD2_reg+3'd3):BCD2_reg;
assign  BCD1_tmp= (BCD1_reg>4'd4) ?  (BCD1_reg+3'd3):BCD1_reg;
assign  BCD0_tmp= (BCD0_reg>4'd4) ?  (BCD0_reg+3'd3):BCD0_reg;

endmodule
```

实验内容二：

```
module test_BtoBCD;
reg  clk,rst_n,start;
reg  [7:0]  binary;
wire  [11:0]  BCD;
wire  done;

initial clk=0;
always #5 clk=~clk;

initial
begin
  rst_n=1;start=0;
  #15 rst_n=0;
  #15 rst_n=1;start=1;binary=8'd168;
  @(posedge done);
  #20 $ stop;
end

BtoBCD  u1(clk,rst_n,start,binary,BCD,done);

endmodule
```

注意事项讲解

代码实现方式有很多,实验内容一中给出了两种参考方式,第一种方式是很规矩的先移位,再修正,但是如果不需要修正,则会浪费一个周期,对时序性能造成影响。第二种方式则是每次都只是移位,其余的操作通过组合逻辑完成,可以减少周期数,但在设计时需要捋清电路的工作过程,先有电路结构再有代码,才会比较清晰。

习 题 答 案

第 2 章

1. 参考代码：

```
module practice1_1(Y1, Y2, Y3, A, B);
output Y1, Y2, Y3;
input A,B;

wire  nand1;

nand nan1(nand1,A,B);
and and1(Y1, A, nand1);
and and2(Y3, B, nand1);
nor nor1(Y2, Y1, Y3);

endmodule
```

注意事项：

① 仿照示例编写代码，注意代码各部分不要缺失；

② 请格外注意分号的使用，初学时非常容易弄错；

③ 注意代码中 nand1 是连线，nan1 是与非门，名称不可相同，当然也可以取其他名称。

2. 参考代码：

```
module practice1_2(Q , Q_n , D , clock);
output Q , Q_n ;
input D , clock ;

wire  Notc,NotD,D1,D2,Y,Y_n,NotY,Y1,Y2;

not   NT1 ( NotD ,D) ;
not   NT2 ( Notc , clock) ;
not   NT3 ( NotY , Y) ;
nand  ND1 ( D1 , D , clock) ;
nand  ND2 ( D2 , clock , NotD) ;
nand  ND3 ( Y , D1 , Y_n ) ;
nand  ND4 ( Y_n , Y , D2) ;
nand  ND5 ( Y1 , Y , Notc ) ;
nand  ND6 ( Y2 , NotY , Notc) ;
nand  ND7 ( Q , Q_n , Y1 ) ;
nand  ND8 ( Q_n , Y2 , Q ) ;

endmodule
```

注意事项：

① 当出现多条连线时，请先标清各连线名称；

② 门的调用可以按同类型排布，或者按电路图从左至右排布。

3. 参考代码：

```
module  practice1_3(Y,A,B,C,D,S1,S0,En);
output  Y;
input   A,B,C,D;
input   S1,S0;
input   En;

not (S1n,S1);
not (S0n,S0);
not (S1nn,S1n);
not (S0nn,S0n);
not (En_n,En);
and (and1,En_n,S1n,S0n,A);
and (and2,En_n,S1n,S0nn,B);
and (and3,En_n,S1nn,S0n,C);
and (and4,En_n,S1nn,S0nn,D);
or (Y,and1,and2,and3,and4);

endmodule
```

注意事项：

① 注意此时内部连线都是一位宽，所以此题特意没有声明连线，中间用到的各种未声明标识符均会视为一位的连线；

② 本题代码中调用的逻辑门没有命名，但这是语法允许的；

③ 门级建模连线复杂，请看清各自连线的脉络，否则容易调试错误。

第 3 章

1. 参考答案：

```
module CTM(clk,enable,Data);
input   clk,enable;
output  [7:0] Data;

wire  to,en_lfsr;
wire  [3:0] N;

Ctrl  crtl_u1(.clk(clk),.en(enable),.to(to),.en_lfsr(en_lfsr));
lfsr  lfsr_u1(.clk(clk),.en_lfsr(en_lfsr),.bus(N));
Delay  delay_u1(.clk(clk),.N(N),.to(to));
BtoD  btod_u1(.bin(N),.dec(Data));

endmodule
```

注意事项：

请注意原名称，不要弄混。初学时非常容易将原模块端口名称与当前连线名称弄混，所以请耐心连接，熟悉后即可加快速度。

2. 参考答案

```
module  adder(S,Cout,Cin,A,B);                    //1 位全加器
output  S,Cout;
input  Cin,A,B;
wire   and1,and2,and3;                            //共 3 条线未定义

xor  (S,Cin,A,B);
and  (and1,Cin,A);
and  (and2,A,B);
and  (and3,Cin,B);
or  (Cout,and1,and2,and3);

endmodule

module  ADDER4(S,COUT,CIN,X,Y);                   //4 位全加器
output  COUT;
output  [3:0] S;
input  CIN;
input  [3:0]X,Y;
wire  c0,c1,c2;                                   //3 条未定义连线

adder  adder0(.S(S[0]), .Cout(c0), .Cin(CIN), .A(X[0]), .B(Y[0]));
adder  adder1(.S(S[1]), .Cout(c1), .Cin(c0), .A(X[1]), .B(Y[1]));
adder  adder2(.S(S[2]), .Cout(c2), .Cin(c1), .A(X[2]), .B(Y[2]));
adder  adder3(.S(S[3]), .Cout(COUT), .Cin(c2), .A(X[3]), .B(Y[3]));

endmodule
```

第 4 章

略

第 5 章

1. 参考答案：

```
module practice5_1(Y1, Y2, Y3, A, B);
output Y1, Y2, Y3;
input A,B;

assign  Y1 = A & (~(A & B));
assign  Y3 = B & (~(A & B));
assign  Y2 = ~(Y1 | Y3);

endmodule
```

2. 参考答案：

```
module practice5_2(Q , Q_n , D , clock);
```

```
output Q , Q_n ;
input D , clock ;

wire  Notc,NotD,D1,D2,Y,Y_n,NotY,Y1,Y2;

assign NotD = ~ D;
assign NotC = ~ clock;
assign NotY = ~ Y;
assign D1 = ~ (D & clock) ;
assign D2 = ~ (clock & NotD) ;
assign Y = ~ (D1 & Y_n) ;
assign Y_n = ~ (Y & D2) ;
assign Y1 = ~ (Y & NotC) ;
assign Y2 = ~ (NotY & NotC) ;
assign Q = ~ (Q_n & Y1) ;
assign Q_n = ~ (Y2 & Q) ;

endmodule
```

3. 参考答案：

```
module  practice5_3(Y,A,B,C,D,S1,S0,En);
output  Y;
input   A,B,C,D;
input   S1,S0;
input   En;

assign  and1 = (~En)&(~S1)&(~S0)&(A);
assign  and2 = (~En)&(~S1)&(S0)&(B);
assign  and3 = (~En)&(S1)&(~S0)&(C);
assign  and4 = (~En)&(S1)&(S0)&(D);
assign  Y = and1|and2|and3|and4;

endmodule
```

第 6 章

1. 参考答案：

```
module  practice6_1(Y,A,B,C,D,S1,S0,En);
output  Y;
input   A,B,C,D,S1,S0;
input   En_;

assign  Y = En_? 0:(S1?(S0?D:C):(S0?B:A));

endmodule
```

2. 参考答案：

```
module practice6_2(AgtB, AeqB, AltB, A, B);
output AgtB, AeqB, AltB;
```

```
input [3:0] A, B;

assign  AeqB = A == B;
assign  AgtB =  A > B;
assign  AltB =  A < B;

endmodule
```

第 7 章

1. 参考答案：

```
module practice7_1(A,B,AgtB, AeqB, AltB);
input [7:0] A,B;
output AgtB, AeqB, AltB;
reg AgtB, AeqB, AltB;

always @(A or B)
begin
  if(A < B)
  begin
    AltB = 1;
    AeqB = 0;
    AgtB = 0;
  end
  else if(A == B)
  begin
    AltB = 0;
    AeqB = 1;
    AgtB = 0;
  end
  else if(A > B)
  begin
    AltB = 0;
    AeqB = 0;
    AgtB = 1;
  end
  else
  begin
    AltB = 0;
    AeqB = 0;
    AgtB = 0;
  end
end

endmodule
```

2. 参考答案：

```
module  practice7_2_1(Y,A,B,C,D,S1,S0,En_);
output  Y;
```

```
input   A,B,C,D;
input   S1,S0;
input   En_;

reg  Y;

always @( A or B or C or D or S1 or S0 or En_)
begin
  if(En_ == 1'b0)
    Y = 0;
  else
  begin
    case({S1,S0})
    2'b00:Y = A;
    2'b01:Y = B;
    2'b10:Y = C;
    2'b11:Y = D;
    default:Y = 0;
    endcase
  end
end
endmodule

module  practice7_2_2(Y,A,B,C,D,S1,S0,En_);
output  Y;
input   A,B,C,D;
input   S1,S0;
input   En_;
reg  Y;

always @( A or B or C or D or S1 or S0 or En_)
begin
    if(!En_)
      Y = 0;
    else
    begin
        if(S1 == 1'b1)
        begin
            if(S0 == 1'b1)
            Y = D;
            else
            Y = C;
        end
        else
        begin
            if(S0 == 1'b1)
            Y = B;
            else
            Y = A;
        end
    end
```

```
end

endmodule
```

3. 参考答案：

```
module practice7_3(out,a,b,control);
output [3:0] out;
input [3:0] a,b;
input [2:0] control;

reg [3:0] out;

always @( * )
    case(control)
    3'b000: out = a + b;
    3'b001: out = a - b;
    3'b010: out = a << 1;
    3'b011: out = a >> 1;
    3'b100: out = a^b;
    3'b101: out = a&b;
    3'b110: out = ~a;
    3'b111: out = ~b;
    default: out = 4'b0000;
    endcase

endmodule
```

第 8 章

1. 参考答案：

```
module practice8_1(Q,Qbar,clock,D);
output  Q,Qbar;
input clock;
input D;

reg Q,Qbar;

always @(negedge clock)
begin
  Q <= D;
  Qbar <= ~D;
end

endmodule
```

2. 参考代码：

```
//使用 for 循环
sum = 0;
for(i = 0;i <= 7;i = i + 1)
```

```
    sum = sum + data[i];
//使用 while 循环
i = 0;
sum = 0;
while(i <= 7)
begin
    sum = sum + data[i];
    i = i + 1;
end
//使用 repeat 循环
i = 0;
sum = 0;
repeat (8)
begin
    sum = sum + data[i];
    i = i + 1;
end
```

第 9 章

1. 参考答案：

(1) The value of temp1 =110

显示输出的是 temp1 的低 3 位。

(2) The memory size is 00000100

显示为十六进制格式。

2. 参考答案：

```
task practice2;
input [3:0] mula,mulb;
output [7:0] result;
reg  [7:0] tmp;
begin
  tmp = mula * mulb;
  #5 result = tmp >> 1;
end
endtask
```

注意事项：

该代码可以使用一行完成，这里为了阅读清晰，特地写成了两行，读者可以尝试恢复成一行。

3. 参考答案：

```
function practice3;
input [15:0] data;

reg [15:0] sum;
reg [4:0] i;
reg last;
```

```
begin
    sum = 0;
    for(i = 0;i < 16;i = i + 1)
        sum = data[i] + sum;
    practice3 = sum % 2;
end
```

注意事项：

① 实现方式有很多，最简单的是使用缩减操作符完成，这里采用稍显复杂的方式，目的是回顾之前的语法。

② 最后的输出通过模 2 操作得到，思考该结果的正确性。

图书资源支持

感谢您一直以来对清华大学出版社图书的支持和爱护。为了配合本书的使用，本书提供配套的资源，有需求的读者请扫描下方的“书圈”微信公众号二维码，在图书专区下载，也可以拨打电话或发送电子邮件咨询。

如果您在使用本书的过程中遇到了什么问题，或者有相关图书出版计划，也请您发邮件告诉我们，以便我们更好地为您服务。

我们的联系方式：

地　　址：北京市海淀区双清路学研大厦 A 座 701

邮　　编：100084

电　　话：010-83470236　010-83470237

资源下载：http://www.tup.com.cn

客服邮箱：tupjsj@vip.163.com

QQ：2301891038（请写明您的单位和姓名）

教学资源·教学样书·新书信息

人工智能科学与技术
人工智能|电子通信|自动控制

资料下载·样书申请

书圈

用微信扫一扫右边的二维码，即可关注清华大学出版社公众号。